全国职业教育规划教材·机械系列

机械设计基础课程设计

主　编　乔生红

副主编　杨　波　陈玉瑜　顾志刚

主　审　马晓明

北京大学出版社
PEKING UNIVERSITY PRESS

内 容 简 介

本书是《机械设计基础》（ISBN 978-7-301-24711-2/TH·0404）的配套教材，是按照高职高专院校机械设计基础课程教学基本要求并在总结近几年教学改革经验的基础上编写而成的。

本书以通用传动装置——减速器为载体，系统地介绍了机械传动装置的设计内容、步骤和方法。全书共 9 个项目，包括概述、传动装置的总体设计、传动零件的设计计算、减速器箱体的结构设计、轴系零部件设计、附件的结构设计及润滑与密封、装配图设计与绘制、零件工作图的设计与绘制、编制设计说明书与准备答辩、设计图样参考实例、机械设计常用标准和规范等，集指导书、手册、图册于一体。

本书可作为高职高专院校机械类及近机类专业的教学用书，也可作为成人高职学生的教学参考书，还可供机械工程技术人员参考。

图书在版编目（CIP）数据

机械设计基础课程设计/乔生红主编. —北京：北京大学出版社，2014.9
（全国职业教育规划教材·机械系列）
ISBN 978-7-301-24735-8

Ⅰ.①机…　Ⅱ.①乔…　Ⅲ.①机械设计—课程设计—高等职业教育—教材
Ⅳ.①TH122-41

中国版本图书馆 CIP 数据核字（2014）第 195739 号

书　　　　名	：机械设计基础课程设计
著作责任者	：乔生红　主编
策 划 编 辑	：胡伟晔
责 任 编 辑	：胡伟晔　吕　宏（特约编辑）
标 准 书 号	：ISBN 978-7-301-24735-8/TH·0405
出 版 发 行	：北京大学出版社
地　　　　址	：北京市海淀区成府路 205 号　100871
网　　　　址	：http://www.pup.cn　新浪官方微博:@北京大学出版社
总编室邮箱	：zpup@pup.cn
电　　　　话	：邮购部 62752015　发行部 62750672　编辑部 62765126　出版部 62754962
印 刷 者	：天津和萱印刷有限公司
经 销 者	：新华书店
	787 毫米×1092 毫米　16 开本　9.75 印张　242 千字
	2014 年 9 月第 1 版　2024 年 7 月第 4 次印刷
定　　　　价	：22.00 元

前　言

　　机械设计基础课程设计是"机械设计基础"课程的实践性教学环节，也是机械类专业学生第一次进行的较为全面的综合训练。本着培养学生的分析解决问题能力、机械设计能力、创新能力、实践能力、团结协作能力的宗旨，基于工作过程思想，在多年改革实践的基础上，编写了本书。本书具有以下特点。

　　(1) 全书以齿轮减速器的设计为主线，系统地介绍了机械传动装置的设计内容、步骤和方法。

　　(2) 在内容的选取上与"机械设计基础"课程相互衔接与补充，以实用为主、够用为度。

　　(3) 弱化与机械设计基础理论课程之间的界限，设计内容围绕机械设计基础课程进行，使理论与实践相融合。

　　(4) 精选了机械零件设计手册、机械零件课程设计图册以及有关的国标与规范，并有机结合起来，从而具有针对性和实用性。

　　(5) 精选了答辩参考题，便于指导学生的学习。

　　(6) 列举了大量减速器图形中的常见错误，便于对照分析，指导学生进行正确设计。

　　本书由乔生红担任主编，杨波、陈玉瑜、顾志刚担任副主编，其中乔生红编写概述，项目一、三、四、六；陈玉瑜编写任务4～5，项目五、七、八，附录六；杨波编写项目二，附录一、二、三、四、五、七、八；顾志刚编写项目九，并负责所有三维图形绘制及编辑工作。全书由乔生红负责统稿，由马晓明担任主审。

　　本书在编写过程中，得到了常州纺织服装职业技术学院的姚敏、武立生、杨海霞老师的大力支持，同时得到了有关企业专家、技术人员以及兄弟院校老师（如健雄职业技术学院韩树明，常州工程职业技术学院邱国仙、夏晓平）的大力支持，他们提出了许多宝贵、中肯的意见，在此一并表示感谢。

　　本书还参阅了国内外出版的同类书籍，在此特向有关作者表示衷心的感谢。

　　由于编者水平有限及时间仓促，书中不妥之处在所难免，恳请专家、同行、读者批评指正，以便不断改进和完善，电子信箱：joeqsh@163.com。

编　者

2014 年 6 月

目　　录

概　　述

一、课程设计的目的

机械设计基础课程设计是"机械设计基础"课程重要的综合性与实践性教学环节。课程设计的主要目的有以下几个方面。

（1）学生通过综合运用"机械设计基础"课程和其他先修课程的知识，分析和解决机械设计问题，进一步巩固、加深和拓宽所学的知识。

（2）通过设计实践，使学生逐步树立正确的设计思想，增强创新意识和竞争意识，掌握机械设计的一般规律，培养分析问题和解决问题的能力。

（3）通过设计计算、绘图以及运用技术标准、规范、设计手册等有关设计资料，进行全面的机械设计基本技能的训练。

（4）通过小组协同分工设计，培养学生的团队意识及团结协作能力。

二、课程设计的内容

课程设计一般选择通用机械的传动装置或简单机械作为设计课题，如以齿轮减速器为主体的机械传动装置或其他设计课题，也可以由学生自主确定设计题目。图 0-1 为带式输送机的简化模型，其传动装置以齿轮传动为主体。

一般已知条件为带式输送机输送带的拉力、运动速度、卷筒的直径和效率、工作年限、工作班制、工作环境等。

课程设计的内容主要包括：传动装置的总体设计；传动零件、轴、轴承、联轴器等的设计计算和选择；装配图和零件图设计；计算说明书的编写与设计。

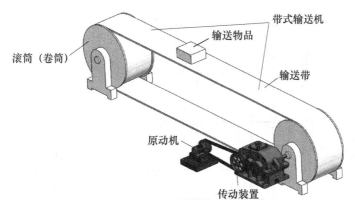

图 0-1　带式输送机简化模型

三、设计题目及任务

1. 设计题目

设计题目1

设计带式输送机上的单级直齿或斜齿圆柱齿轮减速器，如图0-2所示。

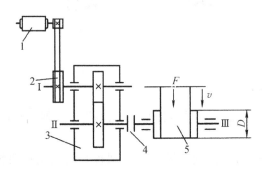

图0-2　单级圆柱齿轮减速器

1—电动机；2—带传动；3—减速器；4—联轴器；5—工作机

原始数据及工作条件见表0-1。

表0-1　原始数据及工作条件（1）

参　数	题　号							
	1	2	3	4	5	6	7	8
运输带拉力 F/kN	1.35	1.45	1.5	1.5	1.6	2	1.7	1.9
运输带速度 $v/(\mathrm{m/s})$	1.60	1.55	1.65	1.70	1.80	1.5	1.6	1.6
卷筒直径 D/mm	260	250	260	280	300	300	270	300
工作条件	1. 单班制，载荷稳定、单向运转； 2. 室内工作、有粉尘； 3. 工作年限：10 年（每年平均300 个工作日）； 4. 卷筒效率：0.97。							

设计题目2

设计带式输送机上的两级圆柱齿轮减速器，如图0-3所示。

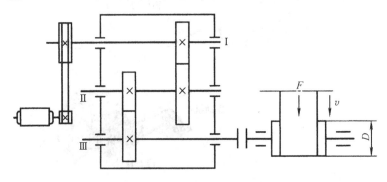

图0-3　两级圆柱齿轮减速器

原始数据及工作条件见表0-2。

表0-2　原始数据及工作条件（2）

参　数	题　号							
	1	2	3	4	5	6	7	8
运输带拉力 F/kN	7.0	6.5	6.0	5.5	5.2	5.0	4.6	4.2
运输带速度 v/（m/s）	1.1	1.2	1.3	1.4	1.5	1.6	1.7	1.8
卷筒直径 D/mm	400	400	450	450	500	500	600	600
工作条件	1. 两班制，连续单向运转，载荷较平稳； 2. 工作年限：8 年（每年平均 300 个工作日）； 3. 动力来源：电力，三相交流，电压 380/220 V； 4. 卷筒效率：0.96。							

2. 设计任务

（1）独立完成模块。

① 每人根据设计数据完成设计计算。

② 编写设计计算说明书 1 份。

③ 装订成册。

（2）合作完成模块。

各小组服从组长安排，合理分工，协作完成以下任务。

① 草图：装配草图 1 张；零件草图 1 至若干张。

② 减速器装配图 1 至若干张（A1 或 A0）。

③ 所有非标准零件草图、零件工作图 1 套。

④ 所有标准零件（包括同类减速器）市场调研报告 1 份（按要求）。

⑤ 图纸及调研报告装订成册。

四、课程设计实施方式

课程设计的实施过程一般分为以下两个阶段。

1. 分散设计

由于课程设计是"机械设计基础"课程的重要实践环节，按照"基于工程过程"的教学理念与思路，要构建有利于学生综合能力培养的课程体系，因此在实施课程设计的过程中要注重弱化理论与实践之间的界限，使理论与实践相融合，让学生在做中学、学中练。课程设计的任务下发要结合"机械设计基础"课程教学进行，使课程设计与"机械设计基础"课程内容交叉进行。分散设计阶段重点解决传动装置的总体设计及传动零件的设计计算等。

2. 集中设计

集中设计阶段重点解决减速器箱体设计、减速器附件设计、数据的修改完善、所有图形（包括装配图、零件图）的绘制等。

五、课程设计的步骤

课程设计的一般步骤见表0-3。

表 0-3　课程设计步骤

步　骤	主要任务	备　注
设计准备	1. 阅读设计任务书，明确设计任务； 2. 现场参观带式输送机的工作现场，或查阅带式输送机的相关资料； 3. 观看、拆装减速器实物或模型，了解减速器的结构； 4. 熟悉课程设计指导书，准备设计资料及绘图用具	合作 完成
传动装置总体设计	1. 拟订传动方案； 2. 选择电动机； 3. 计算总传动比，分配各级传动比； 4. 计算传动装置的运动和动力参数	独立 完成
传动零件设计	计算带传动、齿轮或蜗杆传动的主要参数和尺寸	
轴系零件设计	1. 轴的结构与尺寸设计； 2. 滚动轴承选择； 3. 联轴器设计； 4. 键连接设计	
装配图草图绘制	1. 确定减速器的箱体结构及相关尺寸； 2. 绘制装配草图，进行轴及轴上零件的结构设计； 3. 绘制箱体结构； 4. 绘制减速器附件	合作 完成
装配图绘制	完成装配工作图绘制（包括视图、尺寸标注、技术要求、明细表等）	
零件工作图绘制	绘制全套非标准件的零件工作图	交叉 进行
市场调研	所有标准零件（包括同类减速器）市场调研报告 1 份	
编写设计说明书	整理和编写课程设计计算说明书	独立 完成
设计总结及答辩	进行课程设计总结，做好答辩准备工作，进行答辩汇报	

六、课程设计中应注意的问题

（1）要充分发挥学生的主观能动性，机械零件课程设计是对学生进行的第一次较全面的设计训练。学生应明确设计任务，掌握设计进度，认真设计。每个阶段完成后要认真检查，提倡独立思考，有错误要认真修改，精益求精。

（2）设计进程的各阶段是相互联系的。零部件的结构尺寸不是完全由计算确定的，还要考虑结构、工艺性、经济性以及标准化、系列化等要求。随着设计的进展，考虑的问题会更全面、合理，故后阶段设计要对前阶段设计中的不合理结构尺寸进行必要的修改。所以，课程设计要边计算、边绘图，反复修改，设计计算和绘图交叉进行。

（3）学习和利用长期以来所积累的宝贵设计经验和资料，可避免不必要的重复劳动，是提高设计质量的重要保证，也是创新的基础。然而，任何一项设计任务均可能有多种决策方案，应从具体情况出发，认真分析，既要合理地吸取，又不可盲目地照搬、照抄。

（4）在设计中贯彻标准化、系列化与通用化，可以保证互换性、降低成本、缩短设计周期，是机械设计应遵循的原则之一，也是设计质量的一项评价指标。应正确采用各种有关技术标准与规范，尽量采用标准件，并应注意一些尺寸需圆整为标准尺寸。同时，设计中应减少材料的品种和标准件的规格。

项目一 传动装置的总体设计

任务 1-1 分析和拟订传动方案

传动装置用以在原动机和工作机之间传递运动和动力，是机器的重要组成部分。传动装置的传动方案设计是否合理将直接影响其工作性能、机器自重和成本。

拟订传动方案就是根据工作机的功能要求和工作条件，选择合适的传动机构类型，确定各类传动机构的布置顺序以及各组成部分的连接方式，绘出传动装置的运动简图。

一、传动方案拟订原则

满足工作机的要求是拟订传动方案的基本原则。同一种工作机的运动可以由几种不同的传动方案来实现，这就需要把传动方案的特点加以分析和比较，从中选择出最符合实际情况的一种传动方案。传动方案除了要满足工作机的性能要求、适应工作条件、工作可靠，还应该具有结构简单、紧凑、成本低、传动效率高和操作维护方便等特点。一种方案要同时满足这些要求往往是较困难的。因此，设计时应统筹兼顾，抓住主要矛盾，有目的地保证重点要求。

在拟订传动方案时，通常可提出多种方案进行比较分析，择优选定。

二、选择传动机构类型

合理地选择传动机构类型是拟订传动方案的重要环节，常用的传动机构的类型、性能和适用范围可参阅相关机械设计手册。表 1-1 列出了常用机械传动机构的性能及适用范围。

选择传动机构类型应综合考虑各有关要求和工作条件，如工作机的功能；对尺寸、重量的限制；工作寿命与经济性要求等。选择传动机构类型的基本原则如下。

（1）传递大功率时，应充分考虑提高传动装置的效率，以减少能耗，降低运行费用。应选用传动效率高的传动机构，如齿轮传动。而对于小功率传动，在满足功能条件下，可选用结构简单、制造方便的传动机构类型，以降低制造费用。

（2）载荷多变和可能发生过载时，应考虑缓冲吸振及过载保护问题，如选用带传动、采用弹性联轴器或其他过载保护装置。

（3）在传动比要求严格、尺寸要求紧凑的场合，可选用齿轮传动或蜗杆传动。但应注意蜗杆传动效率低，故常用于中小功率、间歇工作的场合。

（4）在多粉尘、潮湿、易燃、易爆场合，宜选用链传动、闭式齿轮传动或蜗杆传动，而不采用带传动或摩擦传动。

表1-1　常用机械传动机构的性能及适用范围

选用指标		带传动		链传动	齿轮传动		蜗杆传动
		平带	V带				
常用功率/kW		小（≤20）	中（≤100）	中（≤100）	大（最大达50 000）		小（≤50）
单级传动比	常用值	2～4	2～4	2～4	圆柱3～6	圆锥2～3	10～40
	最大值	5	7	6	8	5	80
许用线速度/（m/s）		≤25	≤25～30	≤40	6级精度直齿≤18，斜齿≤36，5级精度达100		≤15～35
外廓尺寸		大		大	小		小
传动精度		低		中等	高		高
工作平稳性		好		较差	一般		好
自锁能力		无		无	无		可有
过载保护作用		有		无	无		无
使用寿命		短		中等	长		中等
缓冲吸振能力		好		中等	差		差
制造安装精度		低		中等	高		高
要求润滑条件		不需		中等	高		高
环境适应性		不可接触酸、碱、油类及爆炸性气体		好	一般		一般

三、多级传动的顺序布置

对采用多种传动机构类型组成的多级传动，拟订传动方案时，应合理布置其传动顺序，一般可按以下几点进行考虑。

（1）带传动承载能力小，但传动平稳性好，而且能缓冲吸振，应尽可能放在高速级。

（2）链传动运转有冲击，平稳性差，应布置在低速级。

（3）蜗杆传动多用在传递功率不大、传动比大的场合，通常布置在高速级，以使传动装置的尺寸紧凑。

（4）锥齿轮加工比较困难，一般应放在高速级。但当锥齿轮的速度很高时，其精度要求也高，这时还需考虑加工的可行性和成本问题。

（5）斜齿轮的传动平稳性比直齿轮好，一般也布置在高速级。

（6）开式齿轮传动工作环境比较差，润滑条件不良，易磨损，一般放在低速级。

四、分析比较，择优选定传动方案

在拟订传动方案和对多种方案进行比较时，应根据机器的具体情况综合考虑，选择能保证主要要求的较合理的传动方案。图1-1所示为带式输送机的4种传动方案。

将4种方案分析比较列于表1-2，可见4种方案各有特点，应当根据带式输送机具体工作条件和要求选定。例如，在矿井巷道中连续工作时，因巷道狭小环境恶劣，以采用方案d较好。但对方案b，若能将电动机布置在减速器另一侧，其宽度尺寸得以缩小，则该方案不失为一较合理的传动方案。若该设备是在一般环境中连续工作，对结构尺寸也无特别要求，则方案a、b均为可选方案。

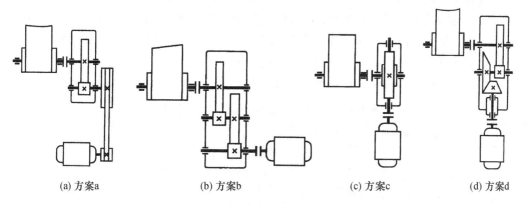

(a) 方案a　　　　(b) 方案b　　　　(c) 方案c　　　　(d) 方案d

图1-1　带式输送机的4种传动方案

如果工作机的传动方案已经给定，则应分析论证该方案的合理性或提出改进意见，也可以另行拟订方案。

表1-2　带式输送机传动方案比较

项　目	特　点
方案a	方案a制造成本低，但宽度尺寸大，带的寿命短，而且不宜在恶劣环境中工作
方案b	方案b工作可靠、传动效率高、维护方便、环境适应性好，但宽度较大
方案c	方案c结构紧凑，环境适应性好，但传动效率低，不适于连续长期工作，且制造成本高
方案d	方案d具有方案b的优点，而且尺寸较小，但制造成本较高

任务 1-2　认识减速器的特点及应用、类型

一、减速器的特点及应用

减速器又称减速箱或减速机，它是由封闭在箱体内的齿轮、蜗杆等传动零件组成的传动装置，是一个具有固定传动比的独立传动部件，装在原动机和工作机之间，用来降低角速度和相应地增大转矩；个别情况下也有用它来增高角速度，此时称为增速器。

由于减速器结构紧凑、传动效率高、使用维护方便，因而在工业中应用广泛。目前一般用途的减速器在我国已经标准化了，由专门的工厂生产，使用时可直接选购，但也可根据实际需要自行设计。

二、减速器的类型

减速器按传动原理可分为普通减速器和行星减速器，全部采用定轴轮系传动的称为普通减速器，主要采用行星轮系传动的称为行星减速器。行星减速器结构紧凑、传动比大、传动效率高、相对体积小，但结构复杂，对制造精度要求高。这里仅介绍普通减速器。

普通减速器按传动级数可分为单级、两级和多级；按其轴在空间的布置可分为立式和卧式；按传动路线不同可分为展开式、分流式和同轴式（又称回归式）等。目前随着科技的发展，还不断研制出一些新型特殊结构的减速器，如活齿减速器、推杆减速器等。

标准减速器的规格、代号、参数等可查阅机械设计手册及有关资料。

常用普通减速器的类型、特点及应用见表 1-3，图 1-2 为部分普通减速器外观。

表 1-3　常用普通减速器的类型、特点及应用

名　称		运动简图	传动比	特点及应用
单级圆柱齿轮减速器			$i \leqslant 8 \sim 10$	轮齿可做成直齿、斜齿或人字齿。直齿用于速度较低、载荷较轻的传动，斜齿用于速度较高的传动，人字齿用于载荷较重的传动。箱体通常用铸铁做成，单件或小批生产有时可采用焊接结构。轴承一般采用滚动轴承，重载或速度特别高时则采用滑动轴承
两级圆柱齿轮减速器	展开式		$i = 8 \sim 60$	结构简单，但齿轮相对于轴承的位置不对称，因此要求轴有较大的刚度。高速级齿轮布置在远离输入端，这样，轴在转矩作用下产生的扭转变形和在弯矩作用下产生的弯曲变形可部分抵消，以减缓沿齿宽载荷分布不均匀现象。用于载荷比较平稳的场合，高速级一般用斜齿，低速可做成直齿
	分流式		$i = 8 \sim 60$	结构复杂，但由于齿轮相对于轴承对称布置，与展开式相比，载荷沿齿宽均匀分布，轴承受载较均匀。中间轴危险截面上的转矩只相当于轴所传递转矩的一半。适用于变载荷的场合。高速级一般用斜齿，低速级可用直齿或人字齿
	同轴式		$i = 8 \sim 60$	减速器横向尺寸较小，两对齿轮浸入油中深度大致相同，但轴向尺寸大和重量较大，且中间轴较长、刚度差，沿齿宽载荷分布不均匀。高速轴承载能力难以充分利用
单级圆锥齿轮减速器			$i = 8 \sim 10$	用于两轴垂直相交的传动，轮齿可以做成直齿、斜齿和曲线齿，由于制造安装复杂、成本高，所以仅在传动布置需要时才采用
两级圆锥—圆柱齿轮减速器			$i = 8 \sim 40$	特点同单级圆锥齿轮减速器，圆锥齿轮应布置在高速级，以减小圆锥齿轮尺寸，利于加工
单级蜗杆减速器			$i = 10 \sim 80$	左图为下置式蜗杆，蜗杆在蜗轮下方，啮合处的冷却和润滑都较好，蜗杆轴承润滑也方便。但当蜗杆圆周速度较高时，搅油损失大，一般用于蜗杆圆周速度 $v \leqslant 4 \, \text{m/s}$ 的场合。当 $v > 4 \, \text{m/s}$ 时，采用上置式蜗杆，但润滑较差

图 1-2　普通减速器外观

任务 1-3　选择电动机

电动机是由专门工厂批量生产的标准部件，设计时要选出具体型号以便购置。电动机的选择包括确定类型、结构、功率（容量）和转速，并在产品目录中查出型号和尺寸。

一、电动机的类型和结构类型

1. 电动机的类型

电动机分为交流和直流两种，工业上一般采用三相交流电源，因此一般采用交流电动机。其中，Y 系列三相鼠笼式异步电动机用得最多，其结构简单、工作可靠、价格低、维护方便，适用于不易燃、不易爆、无腐蚀性气体和无特殊要求的机械，如机床、运输机、搅拌机、农业机械和食品机械等。在经常启动、制动和反转的场合（如起重机），一般要求电动机的转动惯量小和过载能力大，此时应选用起重及冶金用 YZ 型（笼型）或 YZR（绕线型）。

2. 电动机的结构类型

电动机的结构类型，按安装位置不同，有卧式和立式两类；按防护方式不同，有开启式、防护式、封闭式和防爆式。常用结构类型为卧式封闭型电动机，如图 1-3 所示。对于同一类型的电动机可制成几种安装结构类型，并以不同的机座号来区别。

图 1-3　Y 系列卧式封闭型电动机

二、机械传动的效率

机械在运转时，作用在机械上的驱动力所做的功称为输入功，克服生产阻力所做的功称为输出功。输出功和输入功的比值，反映了输入功在机械中的有效利用程度，称为机械效率，通常以 η 表示。机械在运转过程中会有功率的损耗，所以要计算机械传动的效率。

传动装置总效率 η 应为组成传动装置各部分传动副效率的乘积，即

$$\eta = \eta_1 \cdot \eta_2 \cdot \cdots \cdot \eta_n \qquad (1-1)$$

式中：η_1，η_2，$\cdots$，η_n 分别为传动装置中每一传动副（如齿轮、带、链）、每对轴承、联轴器及各对轴承的效率，表1-4摘录了部分传动效率。

表1-4　机械传动和摩擦副效率概略值

类　别		传动效率 η	
齿轮传动	圆柱齿轮	闭式：0.96～0.98（7～9级精度）	开式：0.94～0.96
	圆锥齿轮	闭式：0.94～0.97（7～8级精度）	开式：0.92～0.95
蜗杆传动		自锁：0.40～0.45　　单头：0.70～0.75	
		双头：0.75～0.82　　三头和四头：0.80～0.92	
带传动		V带：0.94～0.97　　平带：0.95～0.98	
滚子链传动		开式：0.90～0.93　　闭式：0.94～0.97	
轴承（一对）	滑动轴承	润滑不良：0.94～0.97　　润滑良好：0.97～0.99	
	滚动轴承	0.98～0.995	
联轴器	弹性联轴器	0.99～0.995	
	齿式联轴器	0.99	
	十字沟槽联轴器	0.97～0.99	

在设计过程中，计算传动装置的总效率时应注意以下几点。

（1）轴承效率是指一对轴承的效率。

（2）所取传动副中如果已包括其支承轴承的效率，此时，应轴承的效率不计。

（3）同一类型几对传动副、轴承或联轴器，应分别计入总效率。

（4）蜗杆传动效率与蜗杆的头数及材料有关，设计时应初选头数、估计效率，待设计出蜗杆传动参数后再确定其效率。

（5）从资料中查出的效率一般是范围值，通常取中间值，如工作条件差、加工精度低、润滑不良时取低值，反之取高值。

三、电动机的功率确定

电动机的功率选择合适与否，对电动机的工作和经济性都有影响。选择的功率小于工

作要求，则不能保证工作机正常工作，或使电动机长期过载、发热过大而过早损坏。选择的功率过大则电动机价格高，能力不能充分利用，效率和功率因素都较低，增加电能损耗，造成很大浪费。

电动机的功率主要由其运行时的发热条件限定，在不变或变化很小的载荷下长期连续运转的机械，只要所选电动机的额定功率 P_{cd} 等于或稍大于电动机的工作功率 P_d，即 $P_{cd} \geqslant P_d$，电动机在工作时就不会发热，因此，通常不必校验发热和启动转矩。

1. 电动机所需的输出功率（P_d）

$$P_d = \frac{P_w}{\eta} \qquad (1-2)$$

式中：P_d——电动机的工作功率，kW；

$\quad\quad P_w$——工作机所需输入功率，kW；

$\quad\quad \eta$——电动机至工作机之间传动装置的总效率。

2. 工作机所需输入功率（P_w）

工作机所需输入功率 P_w 应由工作机的工作阻力（力或转矩）和运动参数（速度）计算求得，即

$$P_w = \frac{F \cdot v}{1\,000 \cdot \eta_w} \qquad (1-3)$$

或

$$P_w = \frac{T \cdot n_w}{9.55 \times 10^6 \cdot \eta_w} \qquad (1-4)$$

式中：F——工作机的工作阻力，N；

$\quad\quad v$——工作机的线速度，m/s；

$\quad\quad T$——工作机的阻力矩，N·mm；

$\quad\quad n_w$——工作机的转速，r/min；

$\quad\quad \eta_w$——卷筒效率。

3. 确定电动机额定功率（P_{cd}）

根据计算出的输出功率 P_d 可查表选定电动机的额定功率 P_{cd}，应使 P_{cd} 等于或稍大于 P_d。

四、电动机的转速 n_d 确定

对于额定功率相同的同一类型电动机，一般有几种不同的转速系列可供选择，如三相异步电动机有 4 种常用的同步转速，即 3 000 r/min、1 500 r/min、1 000 r/min、750 r/min（相应的电动机定子绕组的极对数为 2、4、6、8）。同步转速是由电流频率与极对数而定的磁场转速，电动机空载时才可能达到同步转速，负载时的转速都低于同步转速。

电动机的转速高，极对数少，尺寸和质量小，价格也低，但传动装置的传动比大，从而使传动装置的结构尺寸增大，成本提高。选用低转速的电动机则相反。因此，确定电动机转速时要综合考虑，分析比较电动机及传动装置的性能、尺寸、重量和价格等因素。一般多选用同步转速为 1 500 r/min 或 1 000 r/min 的电动机。

为合理设计传动装置，根据工作机主动轴转速要求和各传动副的合理传动比范围，可推算出电动机转速的可选范围，即

$$n_{\mathrm{d}} = i'_{\text{总}} \cdot n_{\mathrm{w}} = (i'_1 \cdot i'_2 \cdot \cdots \cdot i'_n) \cdot n_{\mathrm{w}} \tag{1-5}$$

式中：　　　　　n_{d}——电动机可选转速范围，r/min；

　　　　　　　　$i'_{\text{总}}$——传动装置总传动比的合理范围；

i'_1，i'_2，$\cdots$，i'_n——各级传动副传动比的合理范围，见表 1-1；

　　　　　　　　n_{w}——工作机转速，r/min。

五、选择电动机型号

电动机的类型、结构类型、功率和转速确定后，可在标准中查出电动机的型号、额定功率 P_{ed}、满载转速 n_{m}、外形尺寸和安装尺寸（如中心高、轴伸及键连接尺寸、机座尺寸）等。具体数据可查阅附表 7-1 和附表 7-2 及相关机械设计手册。

需要特别说明的是，设计计算传动装置时，通常用实际需要的电动机的工作功率 P_{d}。如果按电动机额定功率 P_{ed} 计算，则传动装置的工作能力可能超过工作机的要求而造成浪费。有些设备为留有存储能力以备发展或不同工作需要，也可以按额定功率 P_{ed} 设计传动装置。传动装置的转速则可按电动机额定功率时的满载转速 n_{m} 计算，它比同步转速低。

任务 1-4　传动装置总传动比的确定及其分配

计算传动装置的总传动比 $i_{\text{总}}$ 并合理分配各级传动比（主要是指传动装置中减速器内部齿轮的传动比分配）是设计中的重要部分。

一、机械传动装置的总传动比

根据电动机满载转速 n_{m} 和工作机转速 n_{w}，可确定传动装置的总传动比 $i_{\text{总}}$，即

$$i_{\text{总}} = \frac{n_{\mathrm{m}}}{n_{\mathrm{w}}} \tag{1-6}$$

然后将总传动比合理地分配给各级传动。总传动比为各级传动比的乘积，即

$$i_{\text{总}} = i_0 \cdot i_1 \cdot \cdots \cdot i_n \tag{1-7}$$

二、机械传动装置的各级传动比

在计算出总传动比后应合理分配各级传动比，传动比分配得合理与否，将直接影响传动装置的结构尺寸、重量及润滑状况等。分配传动比时应考虑以下几点。

（1）各级传动比都应在合理范围内（见表 1-1），以符合各种传动形式的工作特点，并使结构比较紧凑。

（2）应注意使各级传动件尺寸协调，结构匀称合理。例如，图 1-1 中由 V 带传动和单级圆柱齿轮减速器组成的传动装置中，V 带传动的传动比不能过大，否则会使大带轮半径大于减速器中心高，导致大带轮与底座或地面相碰，给安装带来麻烦，如图 1-4 所示。

（3）要考虑传动零件之间不会干涉碰撞。如图 1-5 所示，由于高速级传动比 i_1 过大，使高速级大齿轮直径过大而与低速轴相碰。

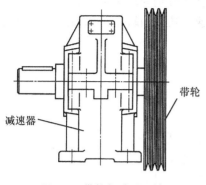

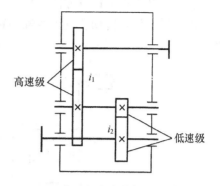

图 1-4 带轮与地面干涉　　　　　　图 1-5 高速级大齿轮与低速轴干涉

（4）应使传动装置的外廓尺寸尽可能紧凑。图 1-6 所示的传动装置为二级圆柱齿轮减速器，在总中心距和传动比相同时，图 1-6（b）所示方案外廓尺寸较图 1-6（a）所示方案外廓尺寸小，这是因为低速级大齿轮的直径较小而使结构紧凑。

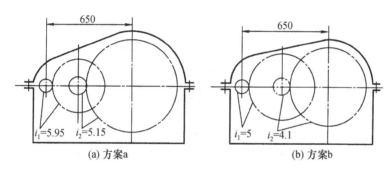

图 1-6 不同传动比对外廓尺寸的影响

（5）在卧式二级齿轮减速器中，尽量使各级大齿轮浸油深度合理（低速级大齿轮浸油稍深，高速级大齿轮能浸到油）。也就是各级大齿轮直径要相近，以避免为了各级齿轮都能浸到油，而使某级大齿轮浸油过深造成搅油损失增加。一般高速级传动比 i_1 和低速级传动比 i_2 可按式 $i_1 = (1.1 \sim 1.5) \cdot i_2$ 进行分配。对于圆锥—圆柱齿轮减速器，为使大圆锥齿轮直径不致过大，高速级圆锥齿轮传动比可取 $i_1 \approx 0.25 i_{总}$。

以上分配的各级传动比只是初步选定的数值，待有关传动零件参数确定后，再验算传动装置的实际传动比是否符合要求。例如，齿轮的传动比为齿数比，带传动的传动比为带轮直径比。如果设计要求中没有规定工作机转速或速度的误差范围，则一般传动装置的传动比允许误差可按 $\pm(3\% \sim 5\%)$ 考虑。

任务 1-5　计算传动装置的运动和动力参数

为进行传动件的设计计算，应将传动装置各轴的转速、功率和转矩计算出来，为传动零件和轴的设计计算提供依据。现以图 1-7 所示的带式输送机传动简图为例说明传动装置各轴的转速、功率和转矩的计算方法。轴Ⅰ、轴Ⅱ分别为高速轴、低速轴，则可按电动机至工作机传递路线，计算传动装置中各轴的转速、功率和转矩。如果传动的级数更多，则依此类推。

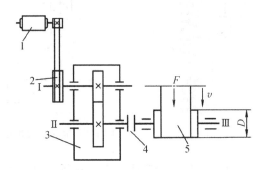

图1-7 带式输送机传动示意图

1—电动机；2—带传动；3—减速器；4—联轴器；5—工作机

一、各轴的转速

$$n_{\text{I}} = \frac{n_{\text{m}}}{i_0} \tag{1-8}$$

$$n_{\text{II}} = \frac{n_{\text{I}}}{i_1} \tag{1-9}$$

式中：n_{m}、n_{I}、n_{II}——电动机满载转速、Ⅰ轴转速、Ⅱ轴转速，r/min；

i_0、i_1——电动机到Ⅰ轴（带传动）的传动比、Ⅰ轴至Ⅱ轴（齿轮转动）的传动比。

二、各轴的输入功率

$$P_{\text{I}} = P_{\text{d}} \cdot \eta_{01} \tag{1-10}$$

$$P_{\text{II}} = P_{\text{I}} \cdot \eta_{12} \tag{1-11}$$

式中：P_{d}、P_{I}、P_{II}——电动机、Ⅰ轴、Ⅱ轴的输入功率，kW；

η_{01}——电动机到Ⅰ轴之间的效率；

η_{12}——Ⅰ轴到Ⅱ轴之间的效率；

三、各轴的输入转矩

$$T_{\text{I}} = 9.55 \times 10^6 \times \frac{P_{\text{I}}}{n_{\text{I}}} \tag{1-12}$$

$$T_{\text{II}} = 9.55 \times 10^6 \times \frac{P_{\text{II}}}{n_{\text{II}}} \tag{1-13}$$

式中：T_{I}、T_{II}——Ⅰ轴、Ⅱ轴的输入转矩，N·mm。

各轴的输出转矩与各轴的输入转矩不同，因为有轴承功率损耗，输出转矩分别为输入转矩乘以轴承效率。

以上计算所得的各轴运动和动力参数以表格形式整理备用。

四、设计实例

例1-1 在图1-7中，减速器为单级圆柱齿轮传动。已知卷筒直径 $D = 270$ mm，卷筒的工作阻力 $F = 2\,850$ N，运输带速度 $v = 1.1$ m/s，卷筒效率 $\eta_w = 0.96$，输送机在常温下连续单向工作，载荷平稳，结构尺寸无特殊限制，电源为三相交流，试对该传动装置进行设计。

解：（1）选择电动机

① 选择电动机类型

根据已知工作条件和要求，选择一般用途的 Y 系列三相鼠笼式异步电动机，卧式结构。

② 计算电动机的功率 P_d

电动机所需的工作功率按式（1-2）计算，即

$$P_d = \frac{P_w}{\eta}$$

又由式（1-3）知

$$P_w = \frac{F \cdot v}{1\,000 \cdot \eta_w}$$

因此

$$P_d = \frac{F \cdot v}{1\,000 \cdot \eta_w \cdot \eta}$$

传动装置的总效率为

$$\eta = \eta_1 \cdot \eta_2^2 \cdot \eta_3 \cdot \eta_4 = \eta_{带} \cdot \eta_{轴承}^2 \cdot \eta_{齿轮} \cdot \eta_{联轴器}$$

查表1-4得：$\eta_{带} = 0.96$，$\eta_{轴承} = 0.99$，$\eta_{齿轮} = 0.97$（8级精度），$\eta_{联轴器} = 0.99$，则

$$\eta = 0.96 \times 0.99^2 \times 0.97 \times 0.99 = 0.9$$

所以

$$P_d = \frac{F \cdot v}{1\,000 \cdot \eta_w \cdot \eta} = \frac{2\,850 \times 1.1}{1\,000 \times 0.96 \times 0.9} = 3.63 \text{（kW）}$$

③ 确定电动机的转速 n_d

由于输送带速度 v（m/s）与卷筒直径 D（mm）、卷筒轴转 n_w（r/min）的关系为

$$v = \frac{\pi D \cdot n_w}{60 \times 1\,000}$$

故卷筒轴的工作转速为

$$n_w = \frac{60 \times 1\,000 \cdot v}{\pi \cdot D} = \frac{60 \times 1\,000 \times 1.1}{\pi \times 270} = 77.85 \text{（r/min）}$$

按表1-1推荐的传动比合理范围，取带传动的传动比 $i_{带} = 2 \sim 4$，单级圆柱齿轮减速器传动比 $i_{齿} = 3 \sim 6$，则传动比的合理范围为 $i'_{总} = 6 \sim 24$，因此电动机转速的可选范围为

$$n_d = i'_{总} \cdot n_w = (6 \sim 24) \times 77.85 = (467 \sim 1\,868) \text{（r/min）}$$

符合这一转速范围的同步转速有 750 r/min、1 000 r/min、1 500 r/min，结合已经计算出的电动机工作功率，从附表7-1中初选出三种适用的电动机进行比较，见表1-5。

表 1-5　三种电动机方案比较（1）

方　案	电动机型号	额定功率/kW	电动机转速/(r/min)		传动装置的传动比		
			同步转速	满载转速	总传动比	带	齿轮
1	Y112M—4	4	1 500	1 440	18.5	3.5	5.286
2	Y132M1—6	4	1 000	960	12.33	3	4.11
3	Y160M1—8	4	750	720	9.25	3	3.08

从表 1-5 的数据可知，方案 1 总传动比比方案 2 大，因此传动装置尺寸也大；而方案 3 的电动机虽然转速低，总传动比不大，但电动机的外廓尺寸大，价格高，因此，通过综合比较分析，方案 2 比较适中。因此，最终选择的电动机型号为 Y132M1—6，所选电动机的额定功率为 $P_{cd} = 4\ kW$，满载转速 $n_m = 960\ r/min$，主要外形尺寸和安装尺寸可查相关手册。

（2）计算传动装置的总传动比和分配各级传动比

① 传动装置的总传动比

由式（1-6）

$$i_{总} = \frac{n_m}{n_w} = \frac{960}{77.85} = 12.33$$

② 分配各级传动比

初步取 V 带传动的传动比 $i_{带} = 3$（实际 V 带传动比要在设计 V 带传动时，由所选大、小带轮的标准直径比确定），则齿轮传动比为 $i_{齿} = \frac{i_{总}}{i_{带}} = \frac{12.33}{3} = 4.11$，符合表 1-1 中圆柱齿轮的传动比的常用范围。如果不符合，应改变 V 带传动的传动比，或重新选择电动机的同步转速。

（3）计算传动装置的运动和动力参数

① 计算各轴转速

$$n_{\text{I}} = \frac{n_m}{i_0} = \frac{960}{3} = 320\ (\text{r/min})$$

$$n_{\text{II}} = \frac{n_{\text{I}}}{i_1} = \frac{320}{4.11} = 77.85\ (\text{r/min})$$

② 计算各轴的输入功率

$$P_{\text{I}} = P_d \cdot \eta_{01} = P_d \cdot \eta_{带} = 3.63 \times 0.96 = 3.49\ (\text{kW})$$

$$P_{\text{II}} = P_{\text{I}} \cdot \eta_{12} = P_d \cdot \eta_{带} \cdot \eta_{轴承} \cdot \eta_{齿轮} = 3.63 \times 0.96 \times 0.99 \times 0.97 = 3.35\ (\text{kW})$$

③ 各轴的输入转矩

电动机轴的输出转矩：$T_d = 9.55 \times 10^6 \times \frac{P_d}{n_m} = 9.55 \times 10^6 \times \frac{3.63}{960} = 3.61 \times 10^4\ (\text{N} \cdot \text{mm})$

I 轴输入转矩：$T_{\text{I}} = 9.55 \times 10^6 \times \frac{P_{\text{I}}}{n_{\text{I}}} = 9.55 \times 10^6 \times \frac{3.49}{320} = 1.04 \times 10^5\ (\text{N} \cdot \text{mm})$

II 轴输入转矩：$T_{\text{II}} = 9.55 \times 10^6 \times \frac{P_{\text{II}}}{n_{\text{II}}} = 9.55 \times 10^6 \times \frac{3.35}{77.85} = 4.11 \times 10^5\ (\text{N} \cdot \text{mm})$

将计算结果列表如下，供以后设计计算时使用。

项　　目	电动机轴	高速轴Ⅰ	低速轴Ⅱ
转速/(r/min)	960	320	77.85
功率/kW	3.63	3.49	3.35
转矩/N·mm	3.61×10^4	1.04×10^5	4.11×10^5
传动比	3		4.11
效率	0.96		0.92

例1-2　如图1-8所示的减速器为两级展开式圆柱齿轮传动。已知卷筒直径 $D = 500\,\text{mm}$，卷筒的工作阻力 $F = 9400\,\text{N}$，运输带速度 $v = 0.32\,\text{m/s}$，卷筒效率 $\eta_\text{w} = 0.96$，输送机在常温下连续单向工作，载荷平稳，结构尺寸无特殊限制，电源为三相交流，试对该传动装置进行设计。

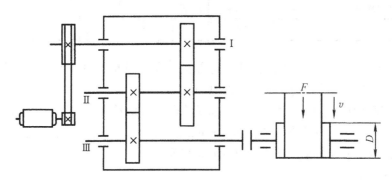

图 1-8　两级圆柱齿轮减速器传动方案示意

解：解题思路与例1-1类似。

（1）选择电动机

① 选择电动机类型

根据已知工作条件和要求，选择一般用途的 Y 系列三相鼠笼式异步电动机，卧式封闭结构。

② 计算电动机的工作功率 P_d

电动机所需的工作功率

$$P_\text{d} = \frac{F \cdot v}{1\,000 \cdot \eta_\text{w} \cdot \eta}$$

传动装置的总效率为

$$\eta = \eta_1 \cdot \eta_2^3 \cdot \eta_3^2 \cdot \eta_4 = \eta_{带} \cdot \eta_{轴承}^3 \cdot \eta_{齿轮}^2 \cdot \eta_{联轴器}$$

查表1-4得：$\eta_{带} = 0.96$，$\eta_{轴承} = 0.99$，$\eta_{齿轮} = 0.97$（8级精度），$\eta_{联轴器} = 0.99$，则

$$\eta = 0.96 \times 0.99^3 \times 0.97^2 \times 0.99 = 0.87$$

所以

$$P_\text{d} = \frac{F \cdot v}{1\,000 \cdot \eta_\text{w} \cdot \eta} = \frac{9\,400 \times 0.32}{1\,000 \times 0.96 \times 0.87} = 3.6\,(\text{kW})$$

③ 确定电动机的转速 n_d

卷筒轴的工作转速为

$$n_\text{w} = \frac{60 \times 1\,000 \cdot v}{\pi \cdot D} = \frac{60 \times 1\,000 \times 0.32}{\pi \times 500} = 12.23\,(\text{r/min})$$

按表 1-1 推荐的传动比合理范围，取带传动的传动比 $i_{带}$ =2～4，两级圆柱齿轮减速器的传动比 =9～36，则传动比的合理范围为 $i'_{总}$ =18～144，因此电动机转速的可选范围为

$$n_{d} = i'_{总} \cdot n_{w} = (18 \sim 144) \times 12.23 = (220 \sim 1761) \ (r/min)$$

符合这一转速范围的同步转速有 750 r/min、1 000 r/min、1 500 r/min，结合已经计算出的电动机工作功率，从附表 7-1 中初选出三种适用的电动机进行比较，见表 1-6。

表 1-6　三种电动机方案比较（2）

方案	电动机型号	额定功率/kW	电动机转速/(r/min)		传动装置的传动比		
			同步转速	满载转速	总传动比	带	齿轮减速器
1	Y112M—4	4	1 500	1 440	117.74	3.6	32.70
2	Y132M1—6	4	1 000	960	78.5	3	26.17
3	Y160M1—8	4	750	720	58.9	2.5	23.55

从表 1-6 数据可知，方案 1 总传动比比方案 2 大，因此传动装置尺寸也大；而方案 3 的电动机虽然转速低，总传动比不大，但电动机的外廓尺寸大，价格高，因此，通过综合比较分析，方案 2 比较适中。因此，最终选择的电动机型号为 Y132M1—6，所选电动机的额定功率为 P_{ed} =4 kW，满载转速 n_{m} =960 r/min，主要外形尺寸和安装尺寸可查相关手册。

（2）计算传动装置的总传动比和分配各级传动比

① 传动装置的总传动比

$$i_{总} = \frac{n_{m}}{n_{w}} = \frac{960}{12.23} = 78.5$$

② 分配各级传动比

初步取 V 带传动的传动比 $i_{带}$ =3（实际 V 带传动比要在设计 V 带传动时，由所选大、小带轮的标准直径比确定），则两级圆柱齿轮传动比为

$$i_{齿} = \frac{i_{总}}{i_{带}} = \frac{78.5}{3} = 26.17$$

符合表 1-1 中两级圆柱齿轮减速器的传动比的常用范围。如果不符合，应改变 V 带传动的传动比，或重新选择电动机的同步转速。

③ 分配两级减速器的各级传动比

按展开式布置，高速级传动比 i_1 和低速级传动比 i_2 满足 $i_1 = (1.1 \sim 1.5) \cdot i_2$，取 i_1 = $1.3i_2$，则计算出 i_1 =5.82，i_2 =4.5。

（3）计算传动装置的运动和动力参数

① 计算各轴转速

$$n_{I} = \frac{n_{m}}{i_0} = \frac{960}{3} = 320 \ (r/min)$$

$$n_{II} = \frac{n_I}{i_1} = \frac{320}{5.82} = 54.98 \ (r/min)$$

$$n_{III} = \frac{n_{II}}{i_2} = \frac{54.98}{4.5} = 12.22 \ (r/min)$$

② 计算各轴的输入功率

$$P_{\text{I}} = P_{\text{d}} \cdot \eta_{01} = P_{\text{d}} \cdot \eta_{\text{带}} = 3.6 \times 0.96 = 3.46 \, (\text{kW})$$

$$P_{\text{II}} = P_{\text{I}} \cdot \eta_{12} = P_{\text{d}} \cdot \eta_{\text{带}} \cdot \eta_{\text{轴承}} \cdot \eta_{\text{齿轮}} = 3.6 \times 0.96 \times 0.99 \times 0.97 = 3.32 \, (\text{kW})$$

$$P_{\text{III}} = P_{\text{II}} \cdot \eta_{23} = P_{\text{d}} \cdot \eta_{\text{带}} \cdot \eta_{\text{轴承}}^2 \cdot \eta_{\text{齿轮}}^2 = 3.6 \times 0.96 \times 0.99^2 \times 0.97^2 = 3.19 \, (\text{kW})$$

③ 各轴的输入转矩

电动机轴的输出转矩：$T_{\text{d}} = 9.55 \times 10^6 \times \dfrac{P_{\text{d}}}{n_{\text{m}}} = 9.55 \times 10^6 \times \dfrac{3.6}{960} = 3.58 \times 10^4 \, (\text{N} \cdot \text{mm})$

Ⅰ轴输入转矩：$\qquad T_{\text{I}} = 9.55 \times 10^6 \times \dfrac{P_{\text{I}}}{n_1} = 9.55 \times 10^6 \times \dfrac{3.46}{320} = 1.03 \times 10^4 \, (\text{N} \cdot \text{mm})$

Ⅱ轴输入转矩：$\qquad T_{\text{II}} = 9.55 \times 10^6 \times \dfrac{P_{\text{II}}}{n_{\text{II}}} = 9.55 \times 10^6 \times \dfrac{3.32}{54.98} = 5.77 \times 10^5 \, (\text{N} \cdot \text{mm})$

Ⅲ轴输入转矩：$\qquad T_{\text{III}} = 9.55 \times 10^6 \times \dfrac{P_{\text{III}}}{n_{\text{III}}} = 9.55 \times 10^6 \times \dfrac{3.19}{12.22} = 2.49 \times 10^6 \, (\text{N} \cdot \text{mm})$

汇总列表如下：

项　目	电动机轴	轴Ⅰ	轴Ⅱ	轴Ⅲ
转速/(r/min)	960	320	54.98	12.22
功率/kW	3.6	3.46	3.32	3.19
转矩/N·mm	3.58×10^4	1.03×10^5	5.77×10^5	2.49×10^6
传动比	3		5.82	4.5
效率	0.96		0.92	0.89

项目二 传动零件的设计计算

在装配图设计前应先设计传动零件，若传动装置中除减速器外还有其他传动零件，为使减速器设计的原始数据比较准确，通常应先设计减速器外部的传动零件。

各种传动件的设计计算方法可参照配套的《机械设计基础》教材或其他参考资料，这里仅提出设计计算中应注意的一些问题。

任务 2-1 箱体外传动零件的设计

传动系统除减速器外，还有其他传动零件，如带传动、链传动和开式齿轮传动等。通常先设计计算这些零件，在这些传动零件的参数确定后，外部传动的实际传动比便可确定。然后修改减速器内部的传动比，再进行减速器内部传动零件的设计计算。这样，会使整个传动系统的传动比累积误差更小。

在课程设计时，对减速器外部传动零件只需确定其主要参数和尺寸，而不必进行详细的结构设计。

一、普通 V 带传动

设计普通 V 带传动须确定的内容是：带的型号、长度、根数，带轮的直径、宽度和轴孔直径，中心距，初拉力及作用在轴上之力的大小和方向以及 V 带轮的主要结构尺寸等。

带传动设计时，应注意检查带轮的尺寸与其相关零部件尺寸是否协调。例如，对于安装在减速器或电动机轴上的带轮外径应与减速器、电动机中心高相协调，避免与机座或其他零部件发生碰撞。

带轮轮毂内孔直径应与相配的轴径相适应，轮毂的长度一般可参照经验公式确定。如果带轮安装在电动机轴上，则轮毂的长度应按电动机的轴伸长度来确定。

二、链传动

设计链传动须确定的内容是：链的型号、节距、链节数和排数，链轮齿数、直径、轮毂宽度，中心距及作用在轴上之力的大小和方向以及链轮的主要结构尺寸等。

设计计算时应注意以下几个方面的问题。

（1）为了使链轮轮齿磨损均匀，链轮齿数最好选为奇数或不能整除链节数的数。

（2）为了防止链条因磨损而易脱链，大链轮齿数不宜过多。为了使传动平稳，小链轮齿数又不宜太少。

（3）为了避免使用过渡链节，链节数应取偶数。

（4）当选用单排链使链的尺寸太大时，应改选为双排链或多排链，以尽量减小链节距。

三、开式齿轮传动

设计开式齿轮传动须确定的内容是：齿轮材料和热处理方式，齿轮的齿数、模数、分度圆直径、齿顶圆直径、齿根圆直径、齿宽，中心距及作用在轴上之力的大小和方向以及开式齿轮的主要结构尺寸等。

开式齿轮传动一般用于低速，常选用直齿。当开式齿轮传动为悬臂布置时，其轴的刚度较小，故齿宽系数宜取得小些。开式齿轮传动一般只需按弯曲强度进行计算。但考虑到磨损对轮齿强度的影响，应将按强度计算出的模数适当增大 $10\%\sim20\%$。

开式齿轮传动的尺寸确定之后，应注意检查传动的结构尺寸与其他相关零件、部件是否互相发生干涉。

在完成外部传动件设计时，应根据最后选定的大小带轮直径、大小齿轮或链轮的齿数，计算各有关传动的实际传动比。

任务 2-2 箱体内传动零件的设计

在减速器外部传动零件完成设计计算之后，应检查传动比及有关运动和动力参数是否需要调整。若需要，则应进行修改。待修改后，可进行减速器内部传动零件的设计计算。内部零件主要是指圆柱齿轮传动、圆锥齿轮传动、蜗杆传动，其计算方法及结构设计均可依据配套的《机械设计基础》教材所述。此外，还应注意以下几点。

（1）齿轮材料的选择应与齿坯尺寸及齿坯的制造方法协调。如果齿坯直径较大需用铸造毛坯时，应选铸钢或铸铁材料。各级大、小齿轮应尽可能减少材料品种。

（2）蜗轮材料的选择与相对滑动速度有关。因此，设计时可按初估的滑动速度选择材料。在传动尺寸确定后，校核其滑动速度是否在初估值的范围内，检查所选材料是否合适。

（3）传动件的尺寸和参数取值要正确、合理。齿轮和蜗轮的模数必须符合标准。圆柱齿轮和蜗杆传动的中心距应尽量圆整。直齿圆柱齿轮传动可通过改变模数、齿数等来调整中心距。对斜齿圆柱齿轮传动还可通过改变螺旋角的大小来进行调整。

（4）影响啮合性能的参数和尺寸（分度圆、节圆、齿顶圆、节锥角、变位系数、螺旋角等）数值必须精确计算。角度数值要精确到"秒"，一般尺寸（分度圆、齿顶圆等）数值应精确到小数点后 2 位。

根据设计计算结果，将传动零件的有关数据和尺寸整理列表，并画出其结构简图，以备在装配图设计和轴、轴承、键连接等校核计算时应用。

项目三　减速器箱体的结构设计

任务 3-1　认识减速器的结构组成

减速器的类型很多，其结构随其类型和要求的不同而异，减速器从结构上来看主要由箱体、传动零部件、附件三部分组成，如图 3-1 所示。

图 3-1　减速器的结构组成

一、箱体

箱体是减速器的重要零件之一，它是安置齿轮、轴及轴承等传动零部件的机座，并存放润滑油，起到润滑和密封箱体内零件的作用。箱体有不同的分类，具体如下。

1. 按毛坯制造方法分类

（1）铸造箱体。减速器箱体大多采用铸铁（HT200 或 HT250）铸造而成。铸造箱体刚性好，易切削，并可得到复杂的外形。对于重型箱体，为了提高承受振动和冲击的能力，可采用球墨铸铁（QT4001-17 或 QT420-10）或铸钢（ZG15 或 ZG25）铸造。铸造箱体重量大，适于成批生产。铸造箱体常见结构类型如图 3-2 所示，有直壁式、曲壁式两种。直壁式结构简单，但重量大，而曲壁式结构则相反。

（2）焊接箱体。在某些单件生产的大型减速器中，为了减轻重量和缩短生产周期，箱体常由 Q215 或 Q235 钢板焊接而成，轴承座部分可用圆钢制作。焊接箱体比铸造箱体薄，因而节省材料。但焊接箱体易产生热变形，对焊接技术要求高，焊后要作退火处理。

2. 按是否剖分分类

（1）剖分式箱体。减速器广泛采用剖分式结构，其剖分面一般与轴线所在的平面重合。一般减速器只有一个剖分面，在大型立式齿轮减速器中，为便于制造和安装，也采用两个剖分面。

（2）整体式箱体。对于小型圆锥齿轮减速器或蜗杆减速器，为使结构紧凑，保证轴承与座孔的配合性质，常采用整体式箱体。其强度高，但拆装、调整不方便。

这里主要以剖分式铸造箱体为主。

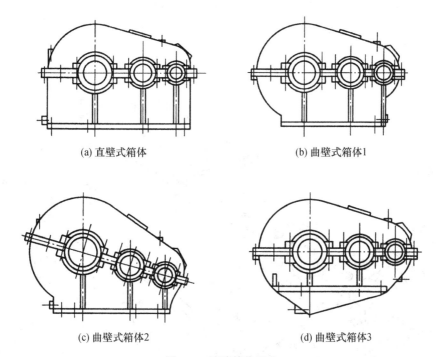

(a) 直壁式箱体　　　　　　　　　　(b) 曲壁式箱体1

(c) 曲壁式箱体2　　　　　　　　　　(d) 曲壁式箱体3

图 3-2　铸造箱体结构

二、传动零部件

传动零部件主要指齿轮、轴、轴承等。减速器中最重要的传动零件是齿轮、蜗杆，轴和轴承用来支承传动零件并传递转矩，此外减速器的输入、输出轴的外伸端通常还要安装带轮、联轴器等。

三、附件

减速器箱体上常设置一些装置或附加结构，以便运输、注油、排油、检查油面高度和拆装、检修等。结构上主要有检查孔、通气器、轴承盖、定位销、油面指示器、放油螺塞、启盖螺钉、起吊装置等。

任务 3-2 减速器的箱体结构与尺寸确定

一、箱体结构尺寸

减速器中的传动零件有圆柱齿轮、圆锥齿轮和蜗轮蜗杆等，不同的齿轮传动，箱体的结构也有所不同。图 3-3、图 3-4、图 3-5 分别为圆柱齿轮减速器、圆锥-圆柱齿轮减速器、蜗杆减速器的典型结构。在设计圆柱齿轮减速器时可参考表 3-1、图 3-3、图 3-6 确定减速器的箱体结构尺寸。

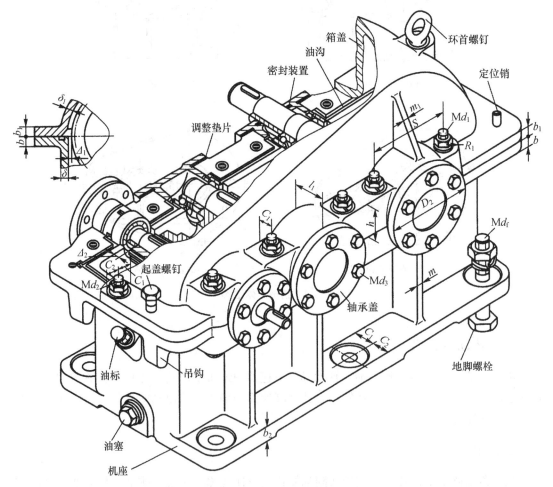

图 3-3 圆柱齿轮减速器

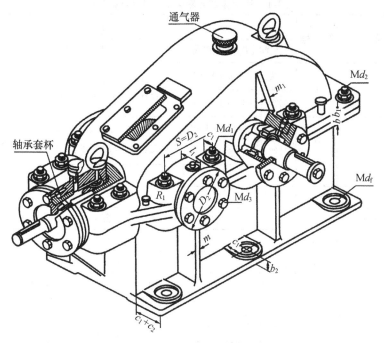

图 3-4　圆锥-圆柱齿轮减速器

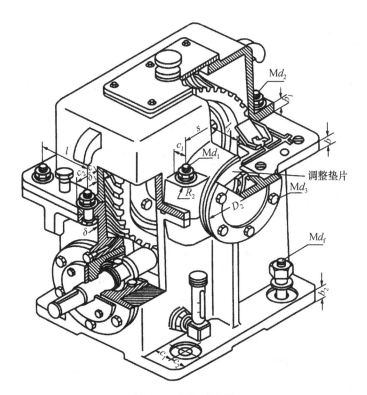

图 3-5　蜗杆减速器

表 3-1　铸造减速器箱体的主要结构尺寸

名　称	符　号	推荐尺寸/mm			
			圆柱齿轮减速器	圆锥齿轮减速器	蜗杆减速器
箱体厚度部分	箱盖壁厚	δ_1	一级	$0.02a+1\geqslant8$	$0.01(d_{1m}+d_{2m})+1\geqslant8$ 或 $0.0085(d_1+d_2)+1\geqslant8$	蜗杆在上：$\approx\delta$ 蜗杆在下：$=0.085\delta\geqslant8$
			二级	$0.02a+3\geqslant8$		
	箱座壁厚	δ	一级	$0.025a+1\geqslant8$	$0.0125(d_{1m}+d_{2m})+1\geqslant8$ 或 $0.01(d_1+d_2)+1\geqslant8$	$0.04a+3\geqslant8$
			二级	$0.025a+3\geqslant8$		
	箱盖凸缘厚度	b_1	$1.5\delta_1$			
	箱座凸缘厚度	b	1.5δ			
	箱座底凸缘厚度	b_2	2.5δ			
	箱盖肋厚	m_1	$\approx0.85\delta_1$			
	箱座肋厚	m	$\approx0.85\delta$			
安装地脚螺栓部分	地脚螺栓直径	d_f	$0.036a+12$		$0.018(d_{1m}+d_{2m})+1\geqslant12$ 或 $0.015(d_1+d_2)+1\geqslant12$	$0.036a+12$
	地脚螺栓数目	n	$a\leqslant250$ 时，$n=4$；$a>250\sim500$ 时，$n=6$；$a>500$ 时，$n=8$		$n=\dfrac{底凸缘周长之半}{200\sim300}\geqslant4$	4
	地脚螺栓扳手空间	C_1	见表 3-2			
		C_2				
轴承座部分	轴承座旁连接螺栓直径	d_1	$0.75d_f$			
	轴承座旁连接螺栓扳手空间	C_1	见表 3-2			
		C_2				
	轴承座旁连接螺栓的距离	S	为防止螺栓干涉，同时考虑轴承座的刚度，一般取 $S=D_2$			
	轴承旁凸台高度	h	根据低速轴轴承座外径确定，以便于扳手操作为准			
	轴承旁凸台半径	R_1	$=C_2$			
	外箱壁至轴承端面距离	l_1	$C_1+C_2+(5\sim10)$			
	轴承端盖螺钉直径	d_3	$(0.4\sim0.5)d_f$			
	轴承盖（轴承座）外径	D_2	凸缘式：$D_2=$轴承外径 $D+(5\sim5.5)d_3$；嵌入式：$D_2=1.35D$			
箱盖箱座连接	箱盖与箱座连接螺栓直径	d_2	$(0.5\sim0.6)d_f$			
	箱盖与箱座连接螺栓扳手空间	C_1	见表 3-2			
		C_2				
	连接螺栓 d_2 的间距	l	$150\sim200$			
	定位销直径	d	$(0.7\sim0.8)d_2$			
	箱体分箱面凸缘圆角半径	R_2	$R_2=0.7(\delta+C_1+C_2)$			
	箱体内壁圆角半径	R_3	$R_3=8$			

注：在锥齿轮中，d_{1m}、d_{2m} 表示大端直径；d_1、d_2 表示大端分度圆直径。

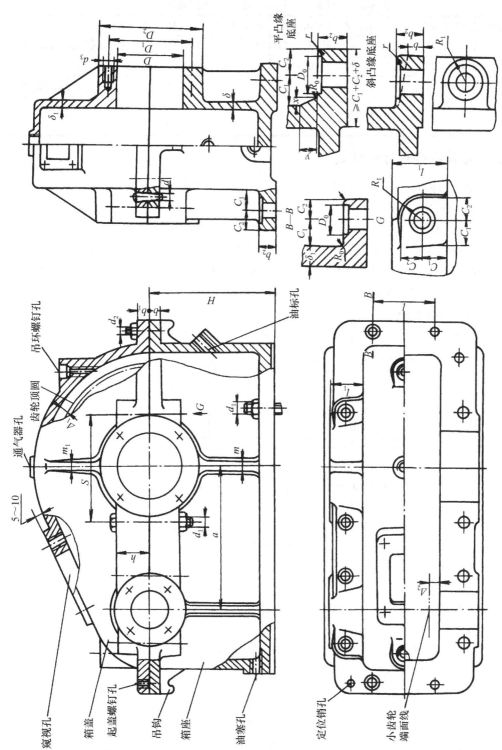

图3-6 圆柱齿轮减速器箱体结构尺寸

表 3-2 螺栓旁 C_1、C_2 及凸台、凸缘的结构尺寸 mm

螺栓直径	M6	M8	M10	M12	M14	M16	M18	M20	M22	M24	M27	M30
$C_{1\,min}$	12	14	16	18	20	22	24	26	30	34	38	40
$C_{2\,min}$	10	12	14	16	18	20	22	24	26	28	32	35
D_0	13	18	22	26	30	33	36	40	43	48	53	61
$R_{0\,max}$	5						8			10		
r_{max}	3						5			8		

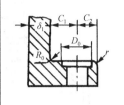

二、箱体结构尺寸设计要点

设计箱体结构时，要保证箱体有足够的刚度、可靠的密封性和良好的工艺性。

1. 箱体的刚度

（1）加强肋

若箱体的刚度不够，则在加工和使用过程中会引起变形，使轴承孔中心线过度偏斜而影响传动件的运动精度。设计箱体时首先要保证轴承座的刚度，使轴承座有足够的壁厚，而且要在轴承座处加支撑肋板。

加强肋有外肋和内肋两种结构类型，如图 3-7 所示。内肋的刚度大，箱体外表光滑美观，但内肋阻碍润滑油的流动，工艺也比较复杂，所以一般多采用外肋结构。

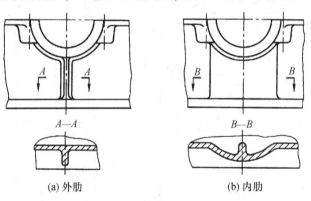

(a) 外肋 (b) 内肋

图 3-7 加强肋结构

（2）箱盖、箱座、底座凸缘厚度

为保证箱盖、箱座的连接刚度，箱盖与箱座连接部分应具有较厚的连接凸缘，且连接凸缘的厚度要比箱壁略厚，如图 3-8 所示。

箱座底面凸缘还需适当加厚，并且其宽度 B 应超过箱座的内壁，如图 3-9（a）所示，图 3-9（b）的底座凸缘过窄，不利于支承受力。

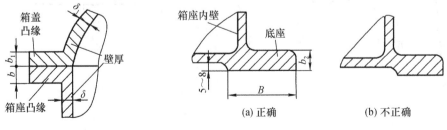

图 3-8 箱盖箱座凸缘   图 3-9 底座凸缘

（3）轴承座孔旁凸台结构

为了提高轴承座处的连接刚度，座孔两侧的连接螺栓应尽量靠近（以不与端盖螺钉孔干涉为原则），为此轴承座孔附近应做出凸台，如图 3-10 所示。

① 连接螺栓间距 S

连接螺栓应避免与箱体上固定轴承盖的螺纹孔及箱体剖分面上的回油沟发生干涉，一般使两连接螺栓的中心距 $S \approx D_2$（D_2 为轴承盖外径），如图 3-11 所示。

② 凸台高度 h

从图 3-11 可见，凸台高度 h 的确定应以保证足够的螺母扳手空间为原则，图中的 C_1、C_2 由表 3-2 根据螺栓直径 d_1 确定，由于减速器上各轴承盖的外径不等，所以为便于制造，各凸台高度应设计一致，并以最大轴承盖直径 D_2 所确定的高度为准。

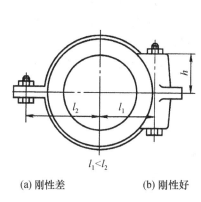

(a) 刚性差　　(b) 刚性好

图 3-10　轴承座连接螺栓位置

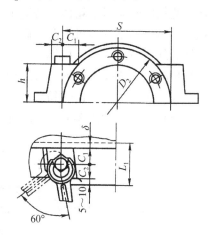

图 3-11　凸台的高度 h 和螺栓位置 S

2. 箱盖圆弧半径

对于铸造箱体，箱盖顶部一般为圆弧形。大小齿轮所在侧的圆弧确定方法如下。

（1）大齿轮侧

大齿轮所在一侧箱盖的外表面圆弧是以大齿轮的轴心为圆心，以 $R = R_a + \Delta_1 + \delta_1$ 为半径的圆弧轮廓（R_a 为大齿轮的齿顶圆半径），如图 3-12（a）所示。

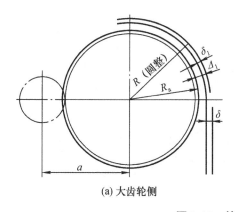

(a) 大齿轮侧

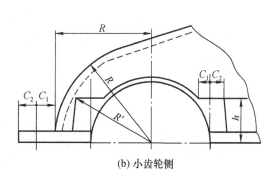

(b) 小齿轮侧

图 3-12　箱盖外表面圆弧半径确定

（2）小齿轮侧

小齿轮侧的箱盖外表面的圆弧半径往往不能用公式计算，需根据结构作图确定，最好使小齿轮轴承旁螺栓凸台位于外表面圆弧之内，如图 3-12（b）所示。此时圆弧半径 $R \geqslant R' + 10\,\text{mm}$，以 R 为半径画出小齿轮处箱盖部分的轮廓。当主视图上小齿轮端盖的结构确定后，将有关部分投影到俯视图上，便可画出俯视图箱体内壁、外壁及凸缘等结构。

3. 箱体结构工艺性

箱体结构工艺性的好坏对于提高加工精度和装配质量，提高生产效率以及便于检修维护等方面有很大影响，主要应考虑以下两方面的问题。

（1）铸造工艺要求

在设计铸造箱体时应考虑箱体的铸造工艺特点，力求壁厚均匀、过渡平缓，不要出现局部金属积聚。铸件的箱壁不可太薄，砂型铸造圆角半径一般可取 $\geqslant 5\,\text{mm}$。

铸造箱体的外形应简单，使拔模方便。铸件沿拔模方向应有（1∶10）～（1∶20）的拔模斜度，尽量减少沿拔模方向的凸起结构，以利于拔模。箱体上尽量避免出现狭缝，以免砂型强度不够，在浇铸和取模时易形成废品。图 3-13（a）中两凸台距离太小而形成狭缝，应将凸台连在一起，如图 3-13（b）所示。

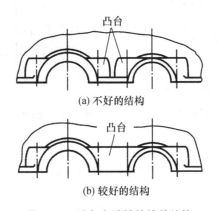

图 3-13　避免有狭缝的铸件结构

（2）机械加工工艺性的要求

① 减少加工面积

设计箱体的结构形状时，应尽量减少机械加工的面积。在图 3-14 所示的箱座底面结构中，图 3-14（a）的加工面积太大，也难以支承；图 3-14（b）、（c）、（d）为较好的结构，其中图 3-14（d）便于箱体找正，小型箱体则多采用图 3-14（b）所示的结构。

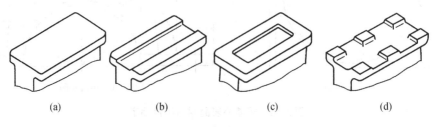

图 3-14　箱座底面的结构

② 减少工件和刀具的调整次数

设计时应尽量减少工件和刀具的调整次数。例如，同一轴心线上两轴承座孔的直径应尽量一致，以便于镗孔并保证镗孔精度。同一方向上的平面应尽量一次调整、加工完成。各轴承座端面应在同一平面上。

③ 加工面与非加工面应分开

箱体上的加工面与非加工面必须严格分开。例如，箱体的轴承座端面需要加工，因而应该凸出，如图 3-15 所示，图 3-15（b）为合理结构，图 3-15（a）为不合理结构。

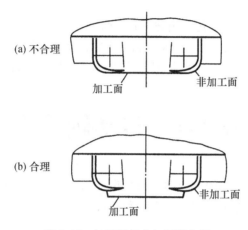

图 3-15　加工面与非加工面分开

④ 凸台和沉孔

在检查孔盖、通气器、油面指示器和油塞等的接合面处，与螺栓头部或螺母接触处都应做出凸台（凸起高度 3～5 mm）。也可将与螺栓头部或螺母接触处锪出沉头座坑，如图 3-16 所示，图中（a）为凸台加工，（b）为沉孔加工。

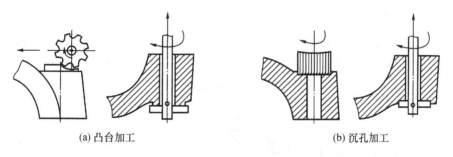

图 3-16　凸台及沉孔的加工方法

项目四 轴系零部件设计

减速器中的轴系零部件主要包括齿轮、轴、联轴器、轴承、轴承盖等，按项目二要求，已对传动齿轮的参数进行了设计计算。本项目的主要任务是根据轴上传递的功率及速度、齿轮的尺寸确定轴的结构和尺寸、轴承的型号、联轴器的型号、键的尺寸、选择轴承盖等。

任务 4-1 传动轴的设计

轴的设计的详细步骤可参阅配套的《机械设计基础》教材，此处重点介绍确定轴的结构时综合考虑装拆、制造加工、定位、润滑和密封等问题。

一、估算轴的最小直径

设计之初，一般仅考虑轴的扭转强度，确定出轴的最小直径，然后逐段进行轴的结构设计。轴的最小直径往往是在轴的外伸端。如果轴的外伸端装 V 带轮，则该轴径确定时要考虑与 V 带轮结构匹配的问题。如果轴的外伸端装联轴器，并通过联轴器与工作机相连，则轴的计算直径应在所选联轴器孔径允许范围内。

二、轴的结构设计

轴的结构，既要满足强度的要求，又要满足轴上零件的定位要求，还需方便安装和拆卸轴上零件，即具有良好的工艺性。一般均为阶梯轴，阶梯轴的结构包括轴向和径向两个方面的尺寸。图 4-1 为典型阶梯轴的结构，下面说明轴的结构设计要点。

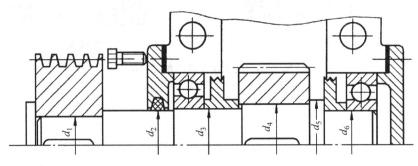

图 4-1 轴的结构设计

1. 轴的径向尺寸设计

径向尺寸反映了轴的直径变化，主要考虑轴上零件的受力、安装、固定，以及对表面粗糙度、加工精度等方面的要求。各段轴直径的确定应尽可能符合标准尺寸，此外还应注意以下几个方面。

（1）考虑轴要有足够的强度，所以一般都制成中间大、两端小的阶梯状结构。因此，受载较大的齿轮处的轴段直径以应取较大值。

（2）轴上装有齿轮（或蜗轮）、带轮处的直径，应按附表1-3取标准值。

（3）安装滚动轴承、密封件、联轴器等标准零部件处的轴段，其直径必须与轴承、密封件、联轴器的内孔直径系列相一致。

（4）初选轴承型号时，直径和宽度系列一般可先按中等宽度选取，轴上两个支点的轴承，应尽量采用相同的型号，便于轴承座孔的加工。

（5）定位轴肩：若轴肩用于轴上零件的轴向定位和承受轴向力时，直径可相差 $\phi 5 \sim \phi 10\ mm$。滚动轴承内圈的定位轴肩直径应按轴承的安装尺寸要求取值（见附表4-1~附表4-3），以便轴承的拆卸。为了保证定位可靠，轴肩处的过渡圆角半径，应小于零件孔的倒角 C 或圆角半径 R，一般配合表面处轴肩和零件孔的圆角、倒角等相关尺寸可查阅附表1-6。

（6）如果两相邻轴段直径的变化仅是为了轴上零件装拆方便或区分加工表面，则两直径略有差值即可，如取 $\phi 1 \sim \phi 4\ mm$，也可采用相同公称直径而取不同的公差数值。

2. 轴的轴向尺寸设计

轴的各段长度主要取决于轴上零件（传动件、轴承）的宽度，以及相关零件（箱体轴承座、轴承端盖）的轴向位置和结构尺寸。

（1）对于安装齿轮、带轮、联轴器的轴段，应使轴段的长度略短于相配轮毂的宽度。一般取轮毂宽度与轴段长度之差 $\Delta = 1 \sim 2\ mm$，以保证传动件在用其他零件轴向固定时，能顶住轮毂，而不是顶在轴肩上，使其固定可靠，如图4-2所示。图中上半部分为正确结构，下半部分是错误结构。因为当制造有误差时，下半部分所示结构不能保证零件的轴向固定及定位。

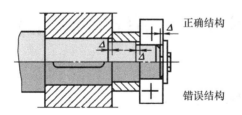

图4-2　轴比轮毂短

（2）安装滚动轴承处轴段的长度由所选轴承型号的宽度 B 来确定，同时也要比轴略短，轴承宽度 B 可查阅附表4-1~附表4-3。

（3）轴的外伸段长度取决于外伸轴段上安装的传动件的尺寸和轴承盖结构。

若采用凸缘式轴承盖，则应考虑装拆轴承盖螺栓所需要的距离 l_3，如图4-3所示，以便在不拆下外接零件的情况下，能方便地拆下端盖螺钉，打开箱盖。对中小型减速器，可取 $l_3 \geqslant 15 \sim 20\ mm$。

对于嵌入式轴承盖无此要求，l_3 可取较小值。当外伸轴装有弹性套柱销联轴器时，应留有装拆弹性套柱销的必要距离 A，A 值可查阅附表5-3。

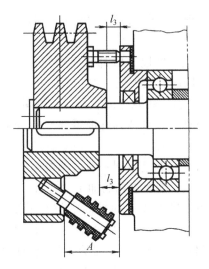

图 4-3　轴上外装零件与轴承盖间的距离

三、校核轴的强度

在绘出轴的计算简图后，即可参照配套的《机械设计基础》教材中关于轴的校核计算方法校核轴的强度。若校核后强度不够，则应对轴的设计进行修改。

四、轴伸出端的密封

轴伸出端的密封是为了防止轴承的润滑剂漏失及箱外杂质、水分、灰尘等侵入。常用的密封种类及特性、各种密封件的结构和尺寸见项目五中任务 5-2 关于润滑密封部分及附表 6-12～附表 6-16。

任务 4-2　滚动轴承的选择

一、滚动轴承的类型与型号确定

按照轴承的承受载荷的性质、大小、工作状况等确定轴承的类型，然后再按滚动轴承的寿命计算方法确定轴承的型号，相关内容可参阅配套的《机械设计基础》教材。

二、确定润滑与密封方式

减速器中滚动轴承的润滑方式主要有油润滑及脂润滑，两种润滑的具体内容可参阅项目五中任务 5-2 关于润滑密封部分的内容。要根据实际情况选择具体的润滑方式，其密封方式也与之相适应。

三、轴承位置的确定

为保证轴承的正常润滑，轴承的内侧至箱体内壁应留有一定的间距。间距的大小与轴承的润滑方式有关，如图 4-4 所示。当采用脂润滑时，所留间距较大，一般取 10～15 mm，以便放置挡油环。当采用油润滑时，一般所留间距为 3～5 mm。

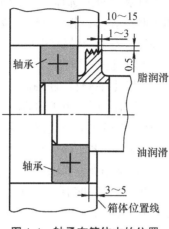

图 4-4　轴承在箱体中的位置

任务 4-3　平键的选择

一、键的类型选择

选择键的类型时应考虑以下因素：对中性的要求；传递转矩的大小；轮毂是否需要沿轴向滑移及滑移的距离大小；键在轴上的位置等，减速器中的阶梯轴常用普通平键。

二、普通平键的尺寸选择

在标准中，根据轴的直径可查出平键的截面尺寸为 $b \times h$，平键的长度 L 根据轮毂的宽度确定，键的长度应符合标准长度系列，可查阅附表 3-9。

三、平键连接的强度计算

选择平键的尺寸后，可根据挤压强度进行校核，相关计算参考配套的《机械设计基础》教材。

任务 4-4　联轴器的选择

联轴器的主要功能是连接两轴并起到传递转矩的作用，除此之外，还具有补偿两轴因制造和安装误差而造成的轴线偏移的功能，以及具有缓冲、吸振、安全保护等功能。

常用的联轴器多已标准化。在选择联轴器时，首先根据轴的实际情况选择联轴器的类型，然后根据轴孔的直径选择相近孔径的联轴器；必要时应校核联轴器中薄弱件的承载能力，设计计算参阅配套的《机械设计基础》教材及相关机械设计手册。

联轴器的类型应根据其工作条件和要求来选择。对于中小型减速器的输入轴和输出轴均可采用弹性柱销联轴器，其加工制造容易，装拆方便，成本低，并能缓冲减振。当两轴对中精度良好时，可采用凸缘联轴器，它具有传递扭矩大、刚性好等优点。例如，在选用电动机轴与减速器高速轴之间连接用的联轴器时，由于轴的转速较高，为减小起动载荷，缓和冲击，应选用具有较小转动惯量和具有弹性的联轴器，如弹性套柱销联轴器等。在选用减速器输出轴与工作机之间连接用的联轴器时，由于轴的转速较低，传递转矩较大，又因减速器与工作机常不在同一机座上，要求有较大的轴线偏移补偿，因此常选用承载能力较高的刚性可移式联轴器，如鼓形齿式联轴器等。若工作机有振动冲击，为了缓和冲击，以免振动影响减速器内传动件的正常工作，则可选用弹性联轴器，如弹性柱销联轴器等。

联轴器的型号可按计算转矩、轴的转速和轴径来选择，要求所选联轴器的许用转矩大于计算转矩，还应注意联轴器毂孔直径范围是否与所连接两轴的直径大小相适应。若不适应，则应重选联轴器的型号或改变轴径。

任务 4-5　轴承端盖的结构设计与确定

轴承端盖的作用是固定轴承、承受轴向力和调整轴承的间隙。轴承端盖的材料为灰铸铁（HT150）或普通碳素钢（Q215、Q235）。

轴承端盖的类型有凸缘式和嵌入式两种。

根据轴是否穿过端盖，又分为透盖和闷盖两种。透盖中央有孔，轴的外伸端穿过孔伸出箱体外，穿过处要有密封装置；闷盖中央无孔，用于轴的非外伸端。

一、凸缘式

凸缘式轴承盖如图 4-5（a）所示，利用六角螺栓固定在箱体上，结构简单，装拆和调整轴承间隙比较方便、密封效果好，所以用得较多。但与嵌入式轴承盖相比，零件数目较多，尺寸较大，外观不平整。这种轴承盖多用铸铁铸造，当它的宽度 L 较大时，如图 4-5（b）所示，为了减少加工量，可在端部铸出一段较小的直径 D'，但必须保留足够的长度 l，如图 4-5（c）所示，否则拧紧螺钉时容易使轴承盖倾斜，以致轴受力不均匀，可取 $l=0.15D$。图中端面凹进 a 值，也是为了减少加工量。凸缘式轴承盖可通过加环形垫片调整间隙及加强密封。

(a) 外形凸缘式轴承盖

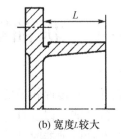

(b) 宽度 l 较大

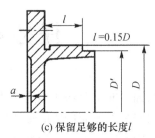

(c) 保留足够的长度 l

图 4-5　凸缘式轴承盖

二、嵌入式

嵌入式轴承盖如图4-6所示，不需用螺钉固定，结构简单，与其相配的轴段长度比凸缘式轴承盖的短，密封性较差。可在端盖和箱体间放置O形密封圈，以提高其密封性能，如图4-6（b）所示。由于调整间隙时需要打开箱盖放置调整垫片，故多用于不调整间隙的轴承（如深沟球轴承）。若用于角接触轴承，则可采用如图4-6（c）所示的结构，用调整螺钉调整轴承间隙。

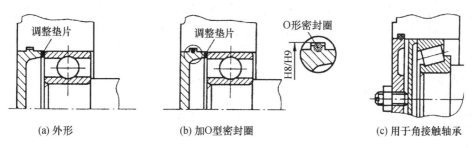

(a) 外形　　　　　　　(b) 加O型密封圈　　　　　　(c) 用于角接触轴承

图4-6 嵌入式轴承盖的结构及密封

两种轴承端盖的结构类型和尺寸见表4-1～表4-3。

为保证传动副的啮合精度，调整齿轮、蜗杆的轴向位置，以及便于固定轴承，常在轴承座孔内设置套杯。当套杯要求在轴承座孔中沿轴向进行调整移动时，一般配合为H6/k6，若不需要移动时，采用过盈配合，这时凸缘很小，且不设螺钉孔。套杯的结构类型和尺寸见表4-3。

表4-1 凸缘式轴承盖的结构类型和尺寸　　　　　　　　　　　　　　mm

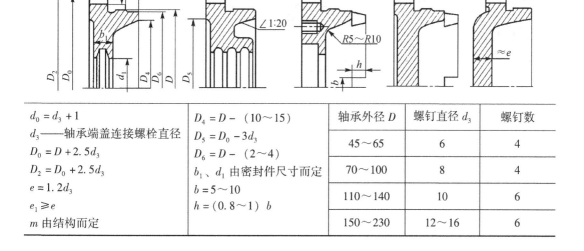

$d_0 = d_3 + 1$ d_3——轴承端盖连接螺栓直径 $D_0 = D + 2.5d_3$ $D_2 = D_0 + 2.5d_3$ $e = 1.2d_3$ $e_1 \geq e$ m 由结构而定	$D_4 = D - （10～15）$ $D_5 = D_0 - 3d_3$ $D_6 = D - （2～4）$ b_1、d_1 由密封件尺寸而定 $b = 5～10$ $h = （0.8～1）b$	轴承外径 D	螺钉直径 d_3	螺钉数
		45～65	6	4
		70～100	8	4
		110～140	10	6
		150～230	12～16	6

表 4-2　嵌入式轴承盖的结构类型和尺寸　　　　　　　　　　　　　　　mm

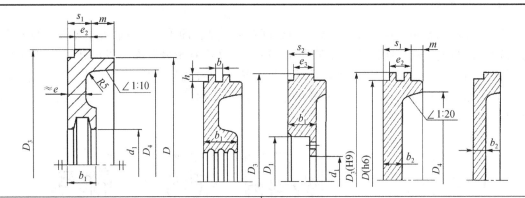

d——外伸轴直径	$e_2 = 8 \sim 12$
d_3——轴承端盖连接螺栓直径	$e_3 = 5 \sim 8$
D——轴承外径	m 由结构而定
$s_1 = 15 \sim 20$	$D_3 = D + e_2$，装有 O 形密封圈时，按 O 形密封圈外
$s_2 = 10 \sim 15$	径取整
e——同凸缘式轴承盖	b、h 尺寸见附录 6-7
$d_1 = d + 1$	$b_2 = 8 \sim 10$
材料：HT150	其余尺寸由密封尺寸而定

表 4-3　套杯的结构类型和尺寸　　　　　　　　　　　　　　　　　　　mm

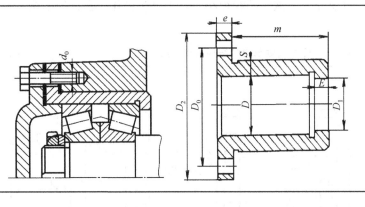

$S = 7 \sim 12$

$E \approx e \approx S$

$D_0 = D + 2S + 2.5d_3$

$D_2 = D_0 + 2.5d_3$

m 由结构确定

D_1 由轴承安装尺寸确定

D——轴承外径

材料：HT150

项目五 附件的结构设计及润滑与密封

任务 5-1 减速器附件的设计

减速器箱体上设置的装置或附加结构，可方便减速器的注油、排油、检查油面高度和拆装、检修等。减速器的附件包括检查孔及盖板、通气器、轴承盖、定位销、油面指示器、放油螺塞、启盖螺钉和起吊装置等。这些附件的类型多种多样，设计时应结合自己的设计，选用合适的附件类型，并在减速器上确定适当的安装位置。

一、检查孔及盖板

检查孔用来检查传动零件的啮合及润滑情况等，并可由此向箱体内注油，检查孔应开在箱盖上部便于观察传动零件啮合情况的位置，其形状为长方形，尺寸大小要便于手伸入进行检查操作。为了防止杂物进入机体内，平时用盖板封住，盖板可用铸铁、钢板或有机玻璃制成。箱体上开检查孔处应凸起一块，以便于机械加工出支承表面，并用垫片加强密封，如图 5-1 所示。一般中小型检查孔及盖板的结构尺寸见附表 6-1。

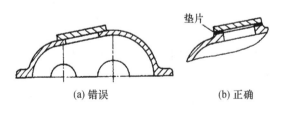

(a) 错误　　　　　　　(b) 正确

图 5-1　检查孔及盖板结构

二、通气器

减速器工作时，箱体内温度升高，气体膨胀，压力增大。为使箱体内受热膨胀的空气能自由地排出，以保持箱体内外压力平衡，不致使润滑油沿分箱面或其他缝隙渗漏，通常在箱体顶部装设通气器。

简易的通气器用带孔螺钉制成，如图 5-2（a）所示。这种通气器没有防尘功能，所以一般用于环境比较清洁的场合。较完善的通气器内部一般做成各种曲路，并有防尘金属网，如图 5-2（b）所示，可以防止空气中的灰尘进入箱体内。通气器也有多种结构类型，并已经标准化，选择通气器类型时应考虑其对环境的适应性，规格尺寸应与减速器大小相适应。通气器结构及尺寸见附表 6-2～附表 6-4。

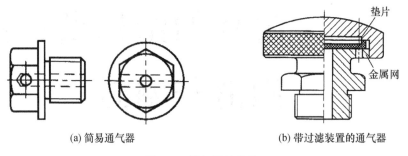

(a) 简易通气器　　　　　　(b) 带过滤装置的通气器

图 5-2　通气器的结构

三、油面指示器

油面指示器又称油标，用来指示油面高度，应在箱体便于观察、油面较稳定的部位（如低速级传动件附近）装设油面指示器。常见的油面指示器有杆式油标、圆形油标、管状油标等，如图 5-3 所示。

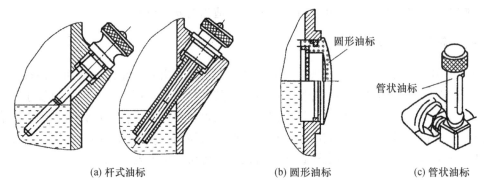

(a) 杆式油标　　　　　　(b) 圆形油标　　　　　　(c) 管状油标

图 5-3　油标的结构

一般多用带有螺纹的杆式油标，油标上两条刻线分别表示最高和最低油面的极限值。

油标安置的部位不能太低，以防油进入油标座孔而溢出。如果需要在运转过程中检查油面，为避免因油的搅动而影响检查效果，可在标尺外装隔套，如图 5-3（a）右图所示。

设计时应使箱座油标座孔的倾斜位置便于加工和使用，如图 5-4 所示。

当减速器离地面较高且容易观察时或箱座较低无法安装杆式油标时，可采用圆形油标、长形油标等。

杆式及圆形油标尺寸分别见附表 6-5 和附表 6-6。

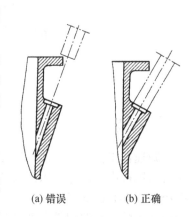

(a) 错误　　　　(b) 正确

图 5-4　油标安装位置的工艺性

四、放油螺塞

为了将箱体内的油污排放干净，应在油池的最低位置设置放油孔，如图5-5所示，并安置在减速器不与其他部件靠近的一侧，以便于放油。

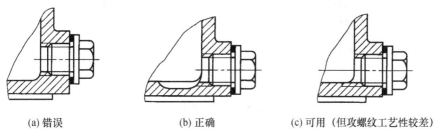

(a) 错误　　　　　　　(b) 正确　　　　(c) 可用（但攻螺纹工艺性较差）

图5-5　放油螺塞结构

平时放油孔用螺塞堵住，采用螺塞时，箱座上在安装螺塞处应设置凸台并加封油垫片。

六角螺塞及封油垫片的结构和尺寸见附表6-7。

五、启盖螺钉

为了加强密封效果，防止润滑油从箱体剖分面处渗漏，通常装配时在剖分面上涂以水玻璃或密封胶，因而在拆卸时常因黏接较紧而不易分开。为便于开启箱盖，可在箱盖凸缘上设置1～2个启盖螺钉，拧动启盖螺钉，利用相对运动的原理抬起箱盖。小型减速器也可不设启盖螺钉，用螺钉旋具撬开箱盖。

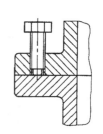

图5-6　启盖螺钉

启盖螺钉的直径一般等于凸缘连接螺栓直径，螺纹有效长度要大于凸缘厚度。螺钉端部要做成圆形并光滑的倒角或制成半球形，以免损坏螺纹，如图5-6所示。

六、起吊装置

为了便于拆卸和搬运减速器，需在箱体上设置起吊装置，一般在箱盖上装有吊环螺钉或铸出吊耳和吊耳环，并在箱座上铸出吊钩。

1. 吊环螺钉

吊环螺钉为标准件，可按起重重量选取。由于其承载较大，故在装配时必须把螺钉完全拧入，使其台肩抵紧箱盖上的支承面。为此，箱盖上的螺钉孔必须局部锪大，如图5-7所示［（b）中螺钉孔的工艺性更好］。吊环螺钉用于拆卸箱盖，也允许用来吊运轻型减速器。

吊环螺钉及沉孔的尺寸见附表6-8。

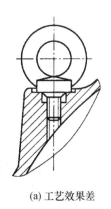

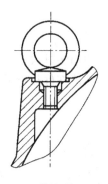

(a) 工艺效果差　　　　　　　　　　　　(b) 工艺效果好

图 5-7　吊环螺钉

2. 吊耳、吊耳环、吊钩

比较简便的加工方法是在箱盖上直接铸出吊耳或吊耳环，箱座两端也铸出吊钩，用以起吊或搬运整个箱体，如图 5-8 所示。

吊耳、吊耳环和吊钩的详细结构尺寸见附表 6-9，也可根据具体情况加以修改。

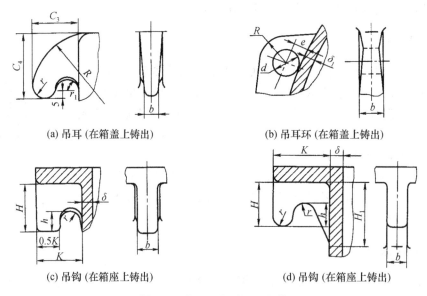

(a) 吊耳 (在箱盖上铸出)　　　　　　　　(b) 吊耳环 (在箱盖上铸出)

(c) 吊钩 (在箱座上铸出)　　　　　　　　(d) 吊钩 (在箱座上铸出)

图 5-8　吊耳、吊耳环、吊钩

七、定位销

定位销的作用是保证箱体轴承座孔的镗孔精度和装配精度，需在上下箱体连接凸缘长度方向的两端安置两个定位销，一般为对角布置，相距尽量远些，以提高定位精度。定位销的位置还应考虑到钻、铰孔的方便，且不应妨碍附近连接螺栓的装拆。

定位销有圆柱形和圆锥形两种结构。为保证重复拆装时定位销与销孔的紧密性和便于定位销拆卸，应采用圆锥销，如图 5-9 所示。一般定位销的直径 $d = (0.7 \sim 0.8) d_2$（式中 d_2 为凸缘上螺栓的直径），直径应取标准值，其长度应大于上下箱体连接凸缘的总厚度，并且装配后上、下两端应具有一定长度的外伸量，以便装拆。圆柱销和圆锥销的结构和尺寸见附表3-10。

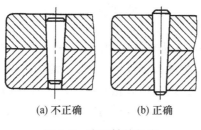

(a) 不正确　　　　(b) 正确

图 5-9　定位销的长度

任务 5-2　减速器的润滑与密封设计

减速器中的传动零件与轴承必须有良好的润滑，以减少摩擦、磨损、提高传动效率、降低噪声、改善散热、防止生锈等。为了防止减速器外部灰尘、水分及其他杂质进入，并且防止减速器内润滑剂的流失，减速器应具有良好的密封性。

一、齿轮传动和蜗杆传动润滑

除少数低速、小型减速器采用脂润滑外，绝大多数减速器的齿轮传动和蜗杆传动都采用油润滑。油润滑所用润滑油的黏度根据传动的工作条件、圆周速度或滑动速度、温度等来选择，参见附录6-10。主要油润滑方式如下。

1. 浸油润滑

当齿轮圆周速度 $v \le 12 \, \text{m/s}$，蜗杆圆周速度 $v \le 10 \, \text{m/s}$ 时，常采用浸油润滑，如图5-10 （a） 所示。

齿轮浸油深度以 1～2 个齿高为宜。当速度高时，浸油深度约为 0.7 个齿高，但不得小于 10 mm。当速度较低 （0.5～0.8 m/s） 时，浸油深度可达 1/6～1/3 的齿轮半径。在多级齿轮传动中，可以采用带油轮把润滑油带到未浸入油池的高速级大齿轮齿面上，如图5-10 （b） 所示。当齿轮运动时，就把润滑油带到啮合区，同时还将油甩到齿轮箱内壁散热降温。

为了避免油搅动时沉渣泛起，齿顶到油池底面的距离不应小于 30～50 mm，由此即可决定箱座的高度，如图5-10 （a） 所示。

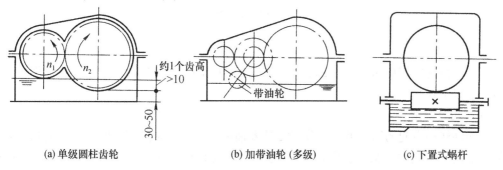

(a) 单级圆柱齿轮　　　　　(b) 加带油轮 （多级）　　　　　(c) 下置式蜗杆

图 5-10　浸油润滑

对于蜗杆传动减速器，当蜗杆圆周速度 $v \leqslant 4 \sim 5$ m/s 时，建议采用下置式蜗杆传动，如图5-10（c）所示。

2. 压力喷油润滑

当齿轮圆周速度 $v > 12$ m/s（蜗杆圆周速度 $v > 10$ m/s）时，则采用压力喷油润滑。这是因为圆周速度过高，齿轮上的油大多被甩出去，而达不到啮合区；速度高搅油激烈，使油温升高，降低润滑油的性能，还会搅起箱底的杂质，加速齿轮的磨损。当采用压力喷油润滑时，用油泵将润滑油直接喷到啮合区进行润滑，如图5-11所示。

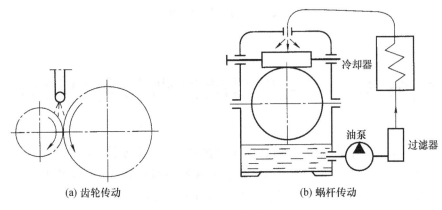

(a) 齿轮传动　　　　　　　　　　　(b) 蜗杆传动

图 5-11　压力喷油润滑

二、滚动轴承润滑

1. 脂润滑

当浸油齿轮圆周速度小于2 m/s 或 $dn \leqslant 2 \times 10^5$ mm·r/min（d 为轴承内径，n 为转速）时，宜采用脂润滑。为防止箱体内的油浸入轴承与润滑脂混合，防止润滑脂流失，应在箱体内侧装挡油盘，如图5-12所示。润滑脂的装填量不应超过轴承空间的1/3～1/2。

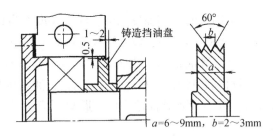

$a = 6 \sim 9$mm，$b = 2 \sim 3$mm

图 5-12　挡油盘

2. 油润滑

当浸油齿轮的圆周速度大于2 m/s 或 $dn > 2 \times 10^5$ mm·r/min 时，宜采用油润滑。油润滑通常有以下几种方式。

（1）飞溅润滑

传动件转动带起的润滑油一部分直接溅入轴承，一部分先溅到箱壁上，然后再顺着箱盖的内壁流入箱座的油沟中，沿输油沟经轴承端盖上的缺口进入轴承，如图5-13所示。回油沟的结构及其尺寸如图5-14所示。当 v 更高时，可不设置油沟，直接靠飞溅的油润滑

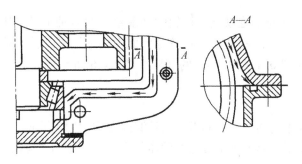

图 5-13 输油沟润滑

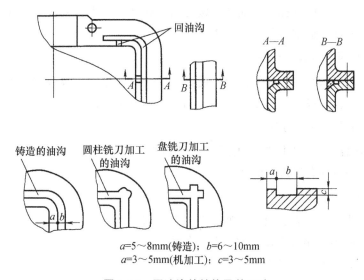

$a=5～8mm(铸造)$；$b=6～10mm$
$a=3～5mm(机加工)$；$c=3～5mm$

图 5-14 回油沟的结构及其尺寸

轴承。当传动件直径较小，或者传动件是斜齿轮或蜗杆（斜齿轮具有沿齿轮轴向排油的作用）时，会使过多的润滑油冲向轴承而增加轴承的阻力，这种情况下应在轴承前装置挡油板，如图 5-15 所示。

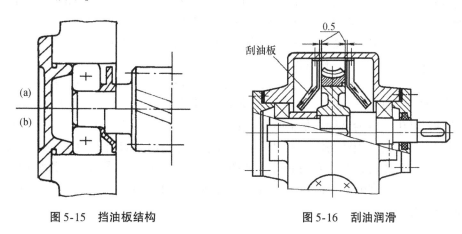

图 5-15 挡油板结构　　　　　图 5-16 刮油润滑

（2）刮油润滑

下置式蜗杆的圆周速度即使大于 2 m/s，但由于蜗杆位置太低，且与蜗轮轴在空间成垂直方向布置，飞溅的油难以进入蜗轮的轴承室，此时轴承可采用刮油润滑。当蜗轮转动时，利用装在箱体内的刮油板，将轮缘侧面上的油刮下，油沿输油沟流向轴承。刮油板和传动件之间应留 0.1～0.5 mm 的间隙。图 5-16 所示的是将刮下的油直接送入轴承的方式。

（3）浸油润滑

将轴承直接浸入箱内油中进行润滑，这种润滑方式常用于下置式蜗杆减速器中蜗杆轴承的润滑，油面高度不应超过轴承最低滚动体的中心，以免加大搅油损失。

三、减速器的密封

减速器的密封除了检查孔、放油孔的接合面密封外，还需在箱盖与箱体接合面、轴承与箱体内部和伸出轴与轴承盖等处进行密封。

（一）箱盖与箱座接合面的密封

为了保证箱盖与箱座接合面的密封，通常在接合面上涂密封胶或水玻璃，为保证轴承与座孔的配合要求，一般禁止用在接合面上加垫片的方法来密封。

（二）轴承与箱体内部的密封

轴承与箱体内部的密封主要采用挡油盘，用来防止润滑油进入轴承稀释润滑脂或防止齿轮啮合挤出的润滑油大量进入轴承。

（三）伸出轴与轴承盖间的密封

减速器伸出轴与轴承盖之间有间隙，必须安装密封件，使得滚动轴承与箱外隔绝，防止润滑油（脂）漏出和箱外杂质、水及灰尘等进入轴承室，避免轴承急剧磨损和腐蚀。密封方式有接触式密封和非接触式密封两种。

1. 接触式密封

（1）毡圈密封

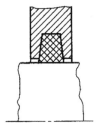

毡圈密封是接触式密封中寿命较低、密封效果相对较差的一种，但其结构简单、价格低廉，适用于脂润滑轴承中，如图 5-17 所示。毡圈的剖面为矩形，工作时将毡圈嵌入剖面为梯形的环形槽中并压紧在轴中，以获得密封效果。毡圈密封的接触面易磨损，一般用于圆周速度小于 4～5 m/s 的场合。毡圈密封形式及尺寸见附表 6-12。

图 5-17　毡圈密封

（2）橡胶油封

橡胶油封是接触式密封中性能较好的一种，其常用的密封件有 V 形橡胶油封、U 形橡胶油封、Y 形橡胶油封、L 形橡胶油封和 J 形橡胶油封等几种。其中，较为常用的是 J 形橡胶油封，可用于油或脂润滑的轴承中。安装时应注意油封的安装方向：当防漏油为主时，油封唇边对着箱内，如图 5-18（a）所示；当防外界灰尘、杂质为主时，唇边对着箱外，如图 5-18（b）所示；当两个油封相背放置时，防漏防尘能力都好，如图 5-18（c）所示。为了便于安装油封，轴上可做出斜角，如图 5-18（a）所示。

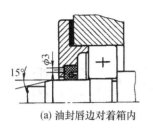 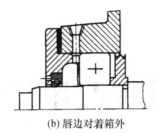 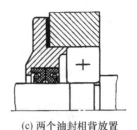

(a) 油封唇边对着箱内　　　　(b) 唇边对着箱外　　　　(c) 两个油封相背放置

图 5-18　J 形橡胶油封的安装方向

2. 非接触式密封

（1）油沟密封

非接触式密封可避免磨损，油沟密封是其中常用的一种。油沟密封是利用充满润滑脂的环形间隙来达到密封效果的。为了保证密封性能，油沟数目不能少于 3 个，如图 5-19 所示。油沟密封结构简单、成本低，但不够可靠，适用于脂润滑的轴承中。其结构见附表 6-15。

（2）迷宫式密封

若要求更高的密封性能，可采用迷宫式密封。采用迷宫式密封的转动件和固定件之间存在着曲折的轴向间隙和径向间隙，利用其间充满的润滑脂来达到密封效果，可用于脂润滑和油润滑，如图 5-20 所示。迷宫式密封的结构复杂，制造和装配要求较高。其结构见附表 6-16。

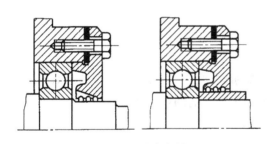 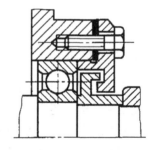

图 5-19　油沟密封　　　　　　　图 5-20　迷宫式密封

选择密封方式时要考虑轴的圆周速度、润滑剂种类、环境条件和工作温度等，表 5-1 列出了几种密封装置的适用条件。

表 5-1　几种密封装置的适用条件

密封方式	毡圈密封	橡胶油封	油沟密封	迷宫式密封
适用的轴表面圆周速度/（m/s）	<3～5	<8	<5	<30
适用的工作温度/℃	<90	−40～100	低于润滑熔化温度	

项目六　装配图设计与绘制

装配图用来表达减速器的整体结构、轮廓形状、各零部件的结构及相互关系，也是指导装配、检验、安装及检修工作的技术依据。设计装配工作图时要综合考虑工作要求、材料、强度、刚度、磨损、加工、装拆、调整、润滑和维护等多方面因素，而且在视图表达上要力求清楚。

装配工作图的设计既包括结构设计又包括校核计算，设计过程比较复杂，常常需要边绘图、边计算、边修改。因此为保证设计质量，初次设计时，应先绘制草图。一般先用细线绘制装配草图（或在草图纸上绘制草图），经过设计过程中的不断修改，待全部完成并经检查、审查后再加深（或重新绘制正式装配图）。

任务 6-1　设 计 准 备

一、技术数据准备

在画装配图之前，应通过翻阅资料、装拆减速器、看录像等，搞清楚减速器各零部件的作用、类型和结构。还要完成绘制装配草图所必需的技术数据。

（1）电动机型号，电动机输出轴的轴径、轴伸长度，电动机的中心高等。

（2）各级传动零件的主要尺寸和参数，如齿轮的中心距、分度圆直径、齿顶圆直径以及轮齿的宽度；联轴器的型号、轮毂孔直径、装拆尺寸要求等；轴承的类型、型号等。

（3）减速器箱体的结构方案、箱体结构、附件的结构，以及润滑密封方式等。

（4）传动零件的位置尺寸，包括传动零件之间的位置及它们与箱体之间的位置尺寸等。

二、视图布局

1. 确定比例

画装配图时，应选好比例尺，布置好图面位置。画草图的比例尺应与正式图的比例尺相同，并优先选用 1∶1 的比例尺，也可以选择其他比例尺，如 1∶2 等比例尺，见附表 1-2。

2. 选择视图

减速器装配图通常用主视图、俯视图、左视图三个视图并辅以必要的局部视图来表达。

3. 合理布局

如图 6-1 所示，绘制装配图时，应根据传动装置的运动简图和由计算得到的减速器内部齿轮的直径、中心距，估计减速器的外形尺寸，合理布置三个主要视图。同时，还要考虑标题栏、明细栏、技术要求、尺寸标注等所需的图面位置。

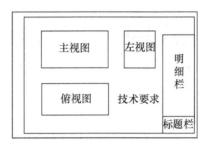

图 6-1　视图布局

三、确定草图绘制所需主要尺寸

1. 草图绘制基本要点

在绘制减速器装配图草图时，为保证设计过程的顺利进行，要按照一定的顺序进行，边设计、边绘图，重点注意以下几个方面。

（1）从主视图和俯视图开始

设计圆柱齿轮减速器装配图时，一般从主视图和俯视图开始。

（2）从主要传动零件开始

传动零件、轴和轴承是减速器的主要零件，其他零件的结构和尺寸随着这些零件而定。绘制装配草图时应先绘制主要零件，再绘制次要零件；先确定零件中心线和轮廓线，再设计其结构细节；先绘制箱内零件，再逐步扩展到箱外零件；先绘制俯视图，再兼顾其他几个视图。

☞ 提示：画草图时，由箱内的传动件画起，逐步向外画，内外兼顾；先以确定零件的轮廓为主，对细部结构可先不画；以一个视图为主，兼顾其他视图。

2. 草图绘制所需尺寸列表

在草图绘制过程中，除了要用到项目三中表 3-1 所列的箱体相关尺寸外，表 6-1还列出了草图绘制所需的其他尺寸，而传动零件相关尺寸需根据各自的设计计算结果而定。这里以单级圆柱齿轮减速器为例详细介绍绘制基本步骤和方法，对于二级圆柱齿轮减速器、圆柱—圆锥齿轮减速器、蜗杆减速器的草图绘制步骤与之类似，不再详述。

表 6-1 绘制草图所用尺寸

符 号	名 称	推荐尺寸
Δ_1	大齿轮顶圆（蜗轮外圆）与内箱壁间的距离	$>1.2\delta$
Δ_2	小齿轮（锥齿轮或蜗轮）端面与箱体内壁距离	$>\delta$
Δ_3	轴承端面至箱体内壁的距离	轴承采用脂润滑：$\Delta_3 = 10\sim15\ mm$ 油润滑：$\Delta_3 = 3\sim5\ mm$
Δ_4	旋转零件间的轴向距离（如两级齿轮传动）	$10\sim15\ mm$
Δ_5	小齿轮顶圆与箱体内壁距离	由箱体结构投影确定
Δ_6	大齿轮齿顶圆至箱座底部内壁的距离	$\geqslant30\sim50\ mm$（见图5-10）
Δ_7	箱底至箱底内壁的距离	$\approx20\ mm$
H	减速器中心高	$H\geqslant R_{a2} + \Delta_6 + \Delta_7$
l_3	外伸端旋转零件的内端面与轴承盖外端面的距离	凸缘式轴承盖：$l_3\geqslant15\ mm$； 嵌入式轴承盖：$l_3 = 5\sim10\ mm$
B	轴承宽度	按选定的轴承型号，查附录四确定
m	轴承盖定位圆柱面长度	凸缘式：$m = L_1 - \Delta_3 - B$； 嵌入式：$m = L_1 - \Delta_3 - B - \delta_1$
e	轴承盖凸缘厚度	$e = 1.2d_3$（见表4-1）
L_1	箱体内壁至轴承座孔端面的距离	$\delta + C_1 + C_2 + (5\sim10)$（$C_1$、$C_2$，见表3-2）
L_2	箱体内壁轴向距离	由结构确定，$L_2 = 2\Delta_2 + b_1$
L_3	箱体轴承座孔端面间的距离	由结构确定，$L_3 = 2L_1 + L_2$

任务 6-2　绘制减速器装配草图

一、草图绘制第一阶段

（一）主要内容

此阶段的主要内容为：在选定箱体结构类型的基础上，确定各传动零件之间及箱体内外壁的位置；根据轴的初估直径和轴上零件的装配和固定关系，进行阶梯轴的结构设计，确定轴承的型号和位置，对轴、轴承及键连接等进行校核计算。

（二）绘图主要顺序

① 俯视图：中心线→轴→传动零件轮廓线→箱体内壁→箱体外壁→轴承端盖凸缘的位置（当选择凸缘式轴承端盖）→轴承位置→轴的外伸段→轴的结构草图。

② 主视图：以俯视图为基准，画各个齿轮齿顶圆，根据低速轴大齿轮的齿顶圆确定

箱体外形的内壁和外壁,确定减速器中心高。

(三) 具体绘制过程

1. 确定传动零件的轮廓及位置

在绘制单级圆柱齿轮减速器的草图时,首先分别在主、俯视图中画出一对齿轮的中心线、齿顶线、分度线;在俯视图中画出一对齿轮的齿宽 b,如图 6-2 所示。

☞ **友情提示**:小齿轮的齿宽 b_1 比大齿轮的齿宽 b_2 大 5~10 mm。

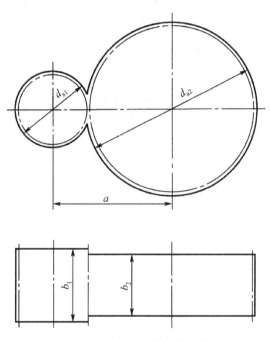

图 6-2　确定传动零件的位置

2. 确定箱体内壁线、箱盖外壁线

根据表 6-1 中的 Δ_1、Δ_2 及表 3-1 中 δ_1 的数值,分别在主、俯视图中绘制。

在主视图上,大齿顶圆与箱盖内壁之间留有距离 Δ_1,画出箱盖内壁线;再根据 δ_1 画出大齿轮侧的箱盖外壁线。高速级小齿轮一侧的箱体内壁线、箱盖外壁线还应考虑其他条件才能确定,暂不画出。

在俯视图上,画箱体内壁线时,先按小齿轮端面与箱体内壁之间的距离 Δ_2 的要求,沿箱体长度方向绘出两条内壁线;再按大齿轮齿顶圆与箱体内壁之间的距离 Δ_1 的要求,沿箱体宽度方向绘出大齿轮一侧的内壁线。小齿轮侧暂不画出。此步画出的图形如图 6-3 所示。由图可知,表 6-1 中的 $L_2 = 2\Delta_2 + b_1$。

☞ **友情提示**:由于小齿轮比大齿轮宽,Δ_2 要从小齿轮端面画起。

3. 确定箱体轴承座孔外端面线

轴承座孔宽度一般取决于机壁厚度及连接螺栓所需的扳手空间,此外轴承座孔外端面需要加工,凸台还需向外凸出 5~10 mm。

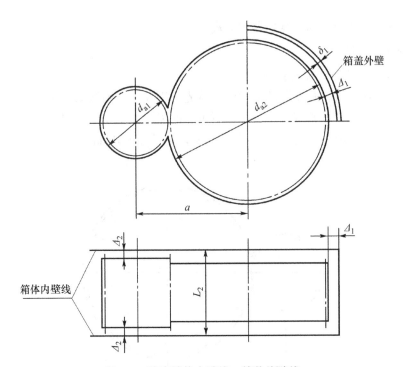

图6-3　确定箱体内壁线、箱盖外壁线

根据表6-1中的 L_1，即 $L_1 = \delta + C_1 + C_2 + (5\sim10)$，在俯视图中绘制箱体轴承座孔外端面位置线，如图6-4所示，由图可知，表6-1中的 $L_3 = 2L_1 + L_2$。

☞ **友情提示**：此处一定要保证外凸距离为 $5\sim10$ mm，以减少加工面。

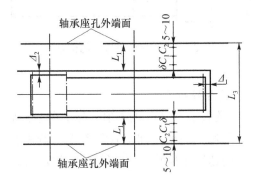

图6-4　轴承座端面位置的确定

4. 确定箱体外壁、箱座高度

在前述的基础上，根据表6-1中 Δ_6、Δ_7 及表3-1中的 δ、b、b_1、C_1、C_2 分别在主、俯视图中绘制，如图6-5所示。

（1）箱体外壁线

在主、俯视图上，根据 δ、b、b_1、C_1、C_2 画出大齿轮一侧箱体最外侧线。

（2）箱座高度

按图5-10，为避免传动零件转动时将沉积在油池底部的污物搅起，造成齿面磨损，根据 Δ_6、Δ_7、R_a（大齿轮），在主视图上可画出箱座的中心高 $H \geqslant R_a + \Delta_6 + \Delta_7$。

5. 确定轴承位置、轴承盖凸缘厚度 e

根据表 6-1 中的 Δ_3、e 在俯视图中绘制，如图 6-5 所示。

（1）轴承在轴承座孔中的位置

轴承的内侧端面至箱体内壁应留有一定的间距 Δ_3，按照图 5-3，选择一种轴承的润滑方式，轴承采用脂润滑时，$\Delta_3 = 10 \sim 15\, \text{mm}$；采用油润滑时，$\Delta_3 = 3 \sim 5\, \text{mm}$。

（2）轴承盖凸缘厚度

若采用凸缘式轴承盖，则 $e \approx 1.2 d_3$，在俯视图中画出轴承盖凸缘位置线。

☞ **友情提示**：第 4、第 5 步需查阅轴承润滑、齿轮润滑等相关参数。箱座外壁线离内壁线的距离沿长度、宽度方向不等，长度方向为 $\delta + C_1 + C_2 + （5 \sim 10）$，而宽度方向为 $\delta + C_1 + C_2$。

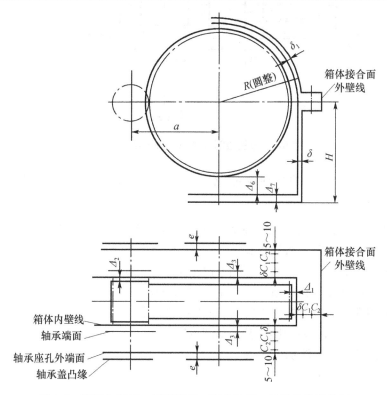

图 6-5　箱体外壁线、箱座高度、轴承位置、轴承盖位置绘制

6. 轴的结构设计

减速器中的轴均为阶梯轴，轴的结构设计的任务是合理确定阶梯轴的形状和全部结构尺寸。在俯视图上，根据各段轴的直径、长度，逐步画出主动轴、从动轴的阶梯结构，有关阶梯轴的设计，可参照项目四的相关内容，同时，在配套《机械设计基础》教材中有详细的介绍，这里不再重复。此步绘制结果如图 6-6 所示。

二、草图绘制第二阶段

（一）主要内容

本阶段的设计绘图工作是在主俯两个草图基础上逐渐完善的，三个视图同时进行，必

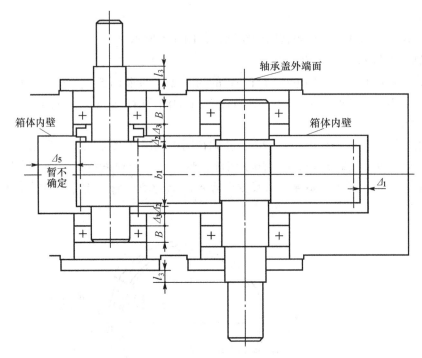

图 6-6　草图绘制（重点为轴的结构设计）

要时可以增加局部视图。绘图时应按先箱体后附件、先主体后局部的顺序进行。

（二）绘图主要顺序

（1）俯视图。在第一阶段绘图基础上进一步完善轴系零件的结构设计、箱体外部形状、箱体结合面、箱座部分和其他部分。

（2）主视图。在第一阶段绘图基础上由轴承端盖和轴承旁连接螺栓确定凸台、箱盖外轮廓尺寸→定附件尺寸（通气孔、吊钩）→根据润滑油油面尺寸定中心高→定底座、油尺、油塞、地脚螺栓等→根据箱体尺寸一步步扩大绘制。

（3）其他。俯视图、主视图的基本草图轮廓绘制完成后，再绘制连接件、密封件及各铸件的铸造圆角等，但不能加深线条。

（三）具体绘制过程

1．传动零件的结构绘制

（1）键的选择

按照键的设计方法，在轴上安装齿轮、带轮、联轴器的位置选择合适的平键，并在俯视图中画出。

（2）齿轮的结构设计

按照项目二的齿轮计算内容，参考配套《机械设计基础》教材，选择合适的齿轮的结构。当小齿轮为齿轮轴时，此处不需用平键连接。在俯视图中确定和画出齿轮的结构，注意齿轮啮合的 5 条线要画正确。

2．滚动轴承的组合设计

选择滚动轴承的类型时，应考虑轴承承受载荷的大小、方向、性质及轴的转速高低。一般直齿圆柱齿轮减速器优先考虑选用深沟球轴承；斜齿圆柱齿轮减速器可选用角接触球轴承，也可选用深沟球轴承。而对于载荷不平稳或载荷较大的斜齿圆柱齿轮减速器，宜选用圆锥滚子轴承。有关滚动轴承的组合设计可参考《机械设计基础》教材及项目四。

该部分重点考虑轴承盖的结构、轴承的润滑和密封以及轴系的轴向固定方法。

（1）轴承盖的结构

可选凸缘式轴承盖、嵌入式轴承盖，其尺寸参考表6-1及表4-1、表4-2，其 m 值由图6-7确定。

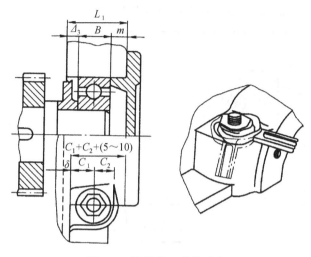

图6-7 轴承盖 m 值的确定

（2）轴伸处的密封

在减速器输入轴和输出轴的外伸段，应在轴承盖的轴孔内设置密封件。可参照任务5-2的内容。

（3）轴向固定与调整

按照对轴系轴向位置的不同限定方法，轴的支承结构可分为三种基本类型，即两端固定支承，一端固定、一端游动支承和两端游动支承，可参阅《机械设计基础》教材。普通齿轮减速器，其轴的支承跨距较小，较常采用两端固定支承。轴承内圈在轴上可用轴肩或套筒作轴向定位，轴承外圈用轴承盖作轴向固定。

设计两端固定支承时，应留适当的轴向间隙，以补偿工作时轴的热伸长量。对于固定间隙轴承（如深沟球轴承），可在轴承盖与箱体轴承座端面之间（采用凸缘式轴承盖时）或在轴承盖与轴承外圈之间（采用嵌入式轴承盖时）设置调整垫片，在装配时通过调整来控制轴向间隙。

对于可调间隙的轴承（如圆锥滚子轴承或角接触球轴承），则可利用调整垫片或螺纹件来调整轴承游隙，以保证轴系的游动和轴承的正常运转。

3. 减速器箱体的设计

箱体是减速器中结构和受力最复杂的零件。当对箱体进行结构设计时，首先要保证强度和刚度，同时考虑密封可靠、结构紧凑、加工和装配工艺性等方面的因素。箱体结构设计详细内容见项目三，此处仅介绍绘制要点。为便于查阅，现将图3-11、图3-12、图5-13、图5-14中有关结构尺寸确定方法汇总如图6-8所示。

（1）轴承旁凸台高度 h

按图6-8（a），画出轴承旁凸台高 h。

（2）小齿轮旁箱盖圆弧半径

按图6-8（b），在主视图上画出小齿轮一侧箱盖圆弧，$R \geqslant R' + 10 \, \text{mm}$，并按照投影关系，在俯视图上画出箱体宽度方向与小齿轮齿顶圆间的距离 Δ_5。

（3）导油沟、回油沟

按图6-8（c）所示的尺寸画出导油沟或回油沟。

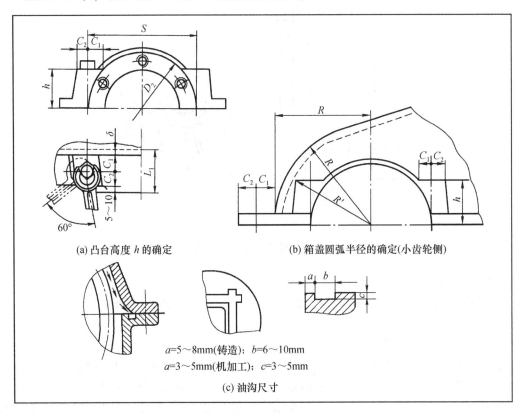

(a) 凸台高度 h 的确定

(b) 箱盖圆弧半径的确定(小齿轮侧)

$a=5 \sim 8$mm(铸造)；$b=6 \sim 10$mm

$a=3 \sim 5$mm(机加工)；$c=3 \sim 5$mm

(c) 油沟尺寸

图6-8　箱体主要尺寸确定

（4）箱体的加工工艺性要求

在设计箱体时应考虑箱体的铸造工艺特点，要求形状尽量简单，易于造型和拔模，壁厚均匀，过渡平缓。

应尽量减小机械加工面积，以提高生产率；尽量减少工件和刀具的调整次数，以提高加工精度和节省工时；箱体中的机械加工面与非机械加工面必须从结构上严格区分，需要加工的箱体同侧的各轴承座应比不需要加工的箱体外表面凸出，且其凸出外端面应该处在同一平面上，以便于加工；与螺栓头部或螺母接触的局部表面应进行机械加工，可将这些部分设计成凸台或锪平的沉孔。为便于查阅，现将图3-9、图3-13、图3-14、图3-15中的有关结构确定方法汇总如图6-9所示。

此部分内容详见项目三。

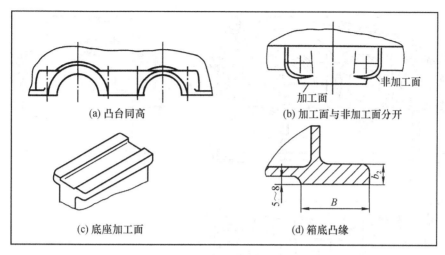

(a) 凸台同高

(b) 加工面与非加工面分开

非加工面

加工面

(c) 底座加工面

(d) 箱底凸缘

图 6-9　机械加工工艺性相关

4. 减速器附件设计

分别画出检查孔和视孔盖（见图 5-1）、通气器（见图 5-2）、油面指示器（见图 5-3）、放油孔和螺塞（见图 5-5）、起吊装置（见图 5-7、图 5-8）、定位销（见图 5-9）、启盖螺钉（见图 5-6）等附件。

完成箱体和附件后，可画出如图 6-10 所示的单级圆柱齿轮减速器装配草图。

图 6-11～图 6-13 分别为两级圆柱、圆锥—圆柱、蜗杆减速器的装配草图，绘图过程略去。

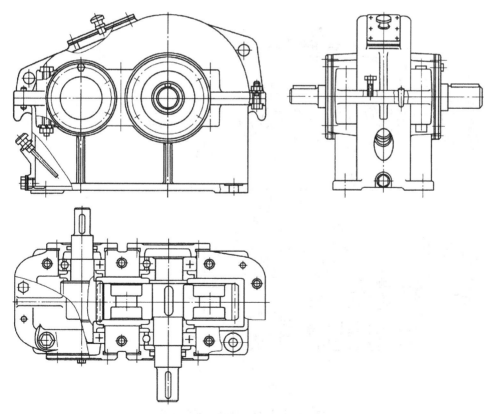

图 6-10　单级圆柱齿轮减速器装配草图

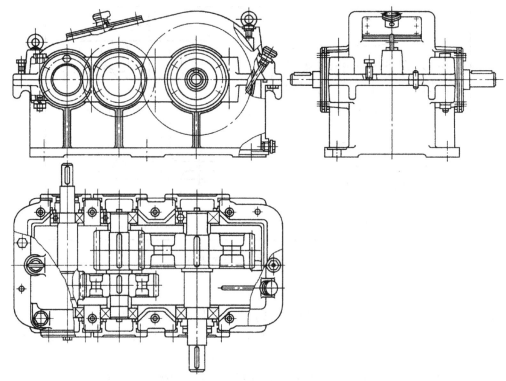

图 6-11　两级圆柱齿轮减速器装配草图

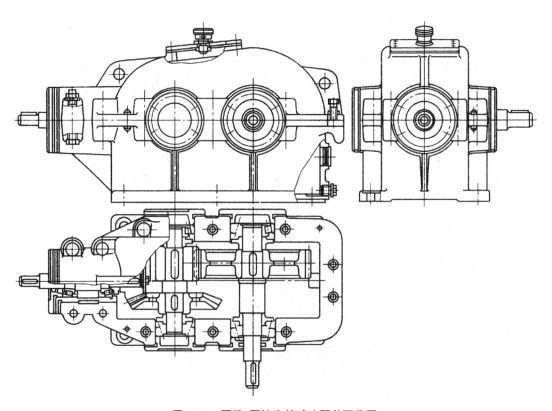

图 6-12　圆锥-圆柱齿轮减速器装配草图

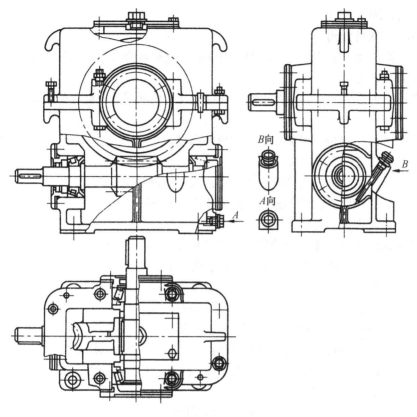

图6-13 蜗杆减速器装配草图

任务6-3 装配草图检查与修改

在完成各阶段绘制后，装配图基本任务已经完成。由于学生首次进行综合性的课程设计，难免会出现各种问题，以下将设计中容易出现的问题进行归纳，以便于学生自查。

一、装配草图的检查

1. 主要检查方面

首先检查主要问题，然后检查细部，检查的主要内容如下。

（1）总体布置方面

检查装配草图与传动装置方案简图是否一致。轴伸端的方位是否符合要求，轴伸端的结构尺寸是否符合设计要求，箱外零件是否符合传动方案的要求。

（2）计算方面

传动件、轴、轴承及箱体等主要零件是否满足强度、刚度等要求，计算结果（如齿轮中心距、传动件与轴的尺寸、轴承型号与跨距等）是否与草图一致。

（3）轴系组件结构方面

传动零件、轴、轴承和轴上其他零件的结构是否合理，定位、固定、调整、装拆、润滑和密封是否合理。

（4）箱体和附件结构方面

箱体的结构和加工工艺性是否合理，附件的布置是否恰当，结构是否正确。

（5）绘图规范方面

视图选择是否恰当，投影是否正确，是否符合机械制图国家标准的规定。

2. 常见细节问题

（1）轴上零件固定是否可靠；定位轴肩的高度是否足够；轴与轴上零件轮毂长度不能等长；非定位轴肩高度不能过大。

（2）滚动轴承定位轴肩或套筒直径不能过大，以便轴承拆卸。

（3）齿轮轴和齿轮啮合的剖面图表达要正确（5 条线）。

（4）斜齿轮轮齿旋向是否正确。

（5）穿透式轴承盖与相配合轴的直径不能相等；密封沟槽要符合标准。

（6）所有的螺栓、螺钉连接画法要规范；螺纹连接处要设有凸台或沉孔，且凸台或沉孔尺寸要符合标准。

（7）螺纹连接件在三个视图上的投影关系要对应。

（8）箱体上螺栓、定位销、启盖螺钉、吊环螺钉位置不能干涉。

（9）检查孔盖的材料、结构要按标准选择，主、左视图要对应。

（10）通气器与检查孔盖之间的螺纹连接要表达正确，且需要设有凸台。

（11）油标尺的位置、角度要正确。

（12）放油螺塞位置不能过高，以便于将油排放干净。

二、装配草图常见错误与修改

（一）局部结构常见错误示例

1. 轴系结构设计常见错误

轴系结构设计常见错误见表6-2～表6-5。

表6-2 轴系结构设计的错误示例1

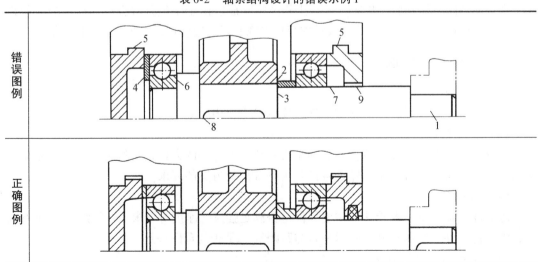

续表

错误类别	错误编号	说　明
轴上零件定位和固定问题	1	联轴器未考虑周向固定
	2	套筒高度不够，固定不可靠
	3	齿轮处的轴段应该短些，否则套筒固定不可靠
	4	调整环不能压死轴承的内圈
	5	轴承端盖定位过紧
工艺不合理问题	6	轴肩过高，影响轴承的拆卸
	7	精加工面过长，且装拆轴承不便
	8	键槽太靠近轴肩，易产生应力集中
润滑与密封问题	9	轴承盖处未考虑密封件

表6-3　轴系结构设计的错误示例2

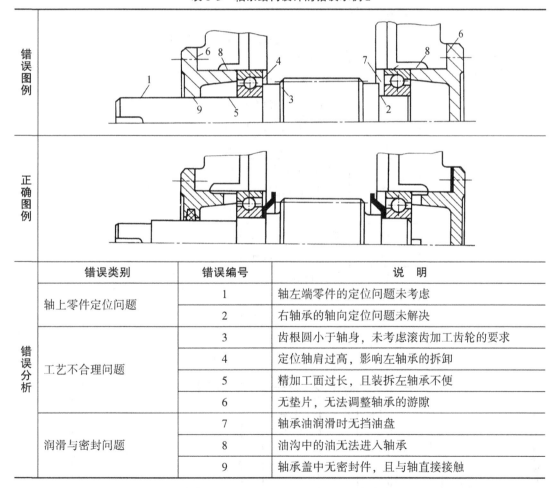

错误类别	错误编号	说　明
轴上零件定位问题	1	轴左端零件的定位问题未考虑
	2	右轴承的轴向定位问题未解决
工艺不合理问题	3	齿根圆小于轴身，未考虑滚齿加工齿轮的要求
	4	定位轴肩过高，影响左轴承的拆卸
	5	精加工面过长，且装拆左轴承不便
	6	无垫片，无法调整轴承的游隙
润滑与密封问题	7	轴承油润滑时无挡油盘
	8	油沟中的油无法进入轴承
	9	轴承盖中无密封件，且与轴直接接触

表 6-4　轴系结构设计的错误示例 3

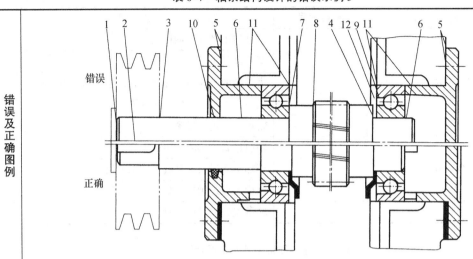

	错误类别	错误编号	说　明
错误分析	轴上零件定位问题	1	与带轮相配处轴端应短些，否则带轮左侧轴向定位不可靠
		2	带轮未周向定位
		3	带轮右侧没有轴向定位
		4	右端轴承左侧没有轴向定位
	工艺不合理问题	5	无调整垫圈，无法调整轴承游隙；箱体与轴承端盖接合处无凸台
		6	精加工面过长，且装拆轴承不便
		7	定位轴肩过高，影响轴承拆卸
		8	齿根圆小于轴身，未考虑插齿加工齿轮的要求
		9	右端的角接触球轴承外圈有错，排列方向不对
	润滑与密封问题	10	轴承盖中未设计密封件，且与轴直接接触，缺少间隙
		11	油沟中的油无法进入轴承，且会经轴承内侧流回箱内
		12	应设计挡油盘，阻挡过多的稀油进入轴承

表 6-5　轴系结构设计的错误示例 4

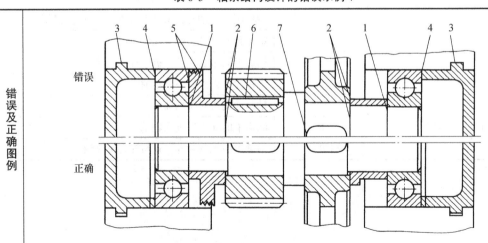

续表

	错误类别	错误编号	说　明
错误分析	轴上零件定位问题	1	与挡油环、套筒相配轴段不应与它们等长，轴承定位不可靠
		2	与齿轮相配轴段应短些，否则齿轮定位不可靠，且挡油环、套筒定位高度太低，定位、固定不可靠
	工艺不合理问题	3	轴承盖过定位
		4	轴承游隙无法调整，应设计调整环或其他调整装置
		5	挡油环不能紧靠轴承外圈，与轴承座孔间应有间隙，且其沟槽应露出内机壁一些
		6	两齿轮相配轴段上的键槽置于同一直线上
		7	键槽太靠近轴肩，易产生应力集中

2. 减速器箱体结构常见错误

减速器箱体结构常见错误见表6-6～表6-7。

表6-6　轴承座部位错误示例

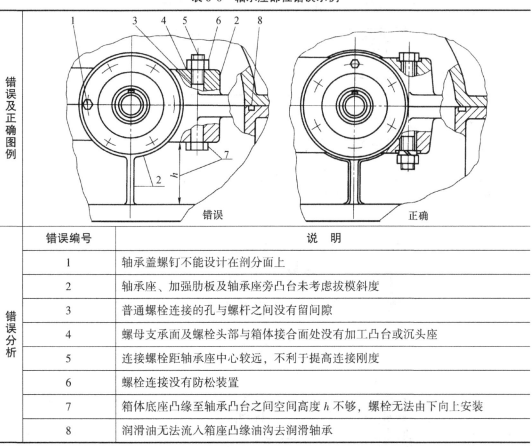

	错误编号	说　明
错误分析	1	轴承盖螺钉不能设计在剖分面上
	2	轴承座、加强肋板及轴承座旁凸台未考虑拔模斜度
	3	普通螺栓连接的孔与螺杆之间没有留间隙
	4	螺母支承面及螺栓头部与箱体接合面处没有加工凸台或沉头座
	5	连接螺栓距轴承座中心较远，不利于提高连接刚度
	6	螺栓连接没有防松装置
	7	箱体底座凸缘至轴承凸台之间空间高度 h 不够，螺栓无法由下向上安装
	8	润滑油无法流入箱座凸缘油沟去润滑轴承

表6-7　箱体其他部分错误示例

错误编号	错误图例	错误分析	正确图例	说　明
1		加工高度不同，加工较麻烦		加工面设计成同一高度可一次进行加工
2		装拆空间不够、不便，甚至不能装配		保证螺栓必要的装拆空间
3		壁厚不均匀，易出现缩孔		壁厚减薄加肋板
4		内外壁无拔模斜度		内外壁有拔模斜度

3. 减速器附件结构常见错误

减速器附件结构常见错误见表6-8。

表6-8　减速器附件结构常见错误

附件名称	错误编号	说　明
油标		1. 圆形油标安放位置偏高，无法显示最低油面 2. 油标尺上应有最高、最低油面刻度 3. 螺纹孔螺纹部分太长 4. 油标尺位置不妥，插入、取出时与箱座凸缘产生干涉 5. 安放油标尺的凸台未设计拔模斜度
放油孔及螺塞		1. 放油孔的位置偏高，使箱内的机油放不干净 2. 油塞与箱体接触处未设计密封件

附件名称	错误编号	说　明
检查孔及视孔盖	1 2 3 错误 正确	1. 视孔盖与箱盖接触处未设计加工凸台，不便加工 2. 检查孔太小，且位置偏上，不利于观察啮合区的情况 3. 视孔盖下无垫片，易漏油
定位销	错误　　　　正确	锥销的长度太短，不利于装拆
吊环螺钉	错误　　　　正确	1. 吊环螺钉支承面没有凸台，也未锪出沉头座，螺孔口未扩孔，螺钉不能完全拧入 2. 箱盖内表面螺钉处无凸台，加工时易偏钻打
螺钉连接	错误　　　　正确	1. 弹簧垫圈开口方向反了 2. 较薄被连接件上的孔应大于螺钉直径 3. 螺钉螺纹长度太短，无法拧到位 4. 钻孔尾端锥角画错了
启盖螺钉	错误　　　　正确	1. 螺纹的长度不够，无法顶起箱盖 2. 螺钉的端部不宜采用平端结构

（二）完整装配图常见错误示例

图 6-14 为二级圆柱齿轮减速器装配图中常见错误，具备一定的典型性与代表性，其他类型的减速器图形的改进方法与之类似。

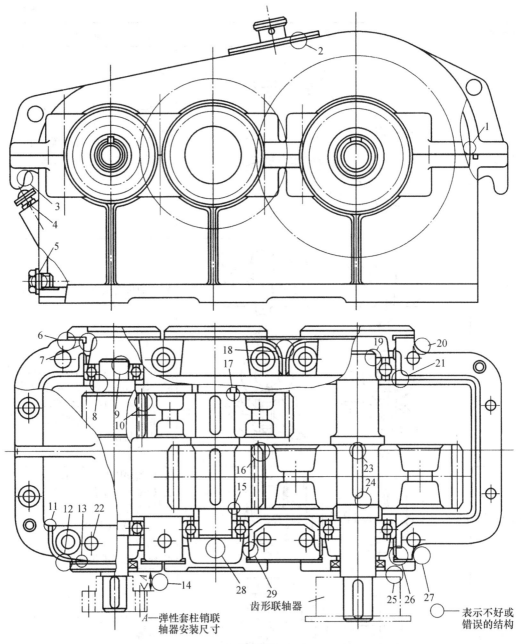

图 6-14　减速器装配图常见错误

错误说明：

1——轴承采用油润滑，但油不能流入导油沟内；

2——检查孔太小，不便于检查传动件的啮合情况，并且没有垫片密封；

3——两端吊钩的尺寸不同，并且左端吊钩尺寸太小；

4——油标尺座孔不够倾斜，无法进行加工和装拆；

5 ——放油螺塞孔端处的箱体没有凸起，螺塞与箱体之间也没有封油圈，并且螺纹孔长度太短，很容易漏油；

6、12——箱体两侧的轴承孔端面没有凸起的加工面；

　　7——垫片孔径太小，端盖不能装入；

　　8——轴肩过高，不能通过轴承的内圈来拆卸轴承；

9、19——轴段太长，有弊无益；

10、16——大、小齿轮同宽，很难调整两齿轮在全齿宽上啮合，并且大齿轮没有倒角；

11、13——投影交线不对；

　　14——间距太短，不便拆卸弹性柱销；

15、17——轴与齿轮轮毂的配合段同长，轴套不能固定齿轮；

　　18——箱体两凸台相距太近，铸造工艺性不好，造型时出现尖砂；

20、27——箱体凸缘太窄，无法加工凸台的沉头座，连接螺栓头部也不能全坐在凸台上，相对应的主视图投影也不对；

　　21——输油沟的油容易直接流回箱座内而不能润滑轴承；

　　22——没有此孔，此处缺少凸台与轴承座的相贯线；

　　23——键的位置紧贴轴肩，加大了轴肩处的应力集中；

　　24——齿轮轮毂上的键槽，在装配时不易对准轴上的键；

　　25——齿轮联轴器与箱体端盖相距太近，不便于拆卸端盖螺钉；

　　26——端盖与箱座孔的配合面太短；

　　28——所有端盖上应当开缺口，使润滑油在较低油面就能进入轴承以加强密封；

　　29——端盖开缺口部分的直径应当缩小，也应与其他端盖一致；

　　30——未圈出，图中有若干圆缺中心线。

任务 6-4　完成减速器装配图

　　减速器装配图是在装配草图的基础上绘制的，表达减速器结构的各个视图应在已绘制的装配草图基础上进行修改、补充，使视图完整、清晰并符合制图规范。装配图上应尽量避免用虚线表示零件结构。必须表达的内部结构或某些附件的结构，可采用局部视图或局部剖视图加以表示。

　　按制图国标要求，装配图上的螺栓连接、键连接、滚动轴承等可采用规定的简化画法。

　　减速器装配图主要包括以下内容。

一、标注必要尺寸

　　装配图上应标注以下 4 个方面的尺寸。

　　（1）外形尺寸。指减速器的总长、总宽和总高。

　　（2）特性尺寸。如传动零件的中心距及偏差。

　　（3）安装尺寸。减速器的中心高、轴外伸端配合轴段的长度和直径、地脚螺栓孔的直径和位置尺寸、箱座底面尺寸等。

　　（4）配合尺寸。指减速器内零件之间装配关系的尺寸。对于影响运转性能和传动精度的零件，其配合处都应标出尺寸、配合性质和精度等级，如轴与传动零件、轴与联轴器的配合尺寸、轴承与轴承座孔的配合尺寸等。表6-9列出了减速器主要零件间的荐用配合，供设计时参考。

表6-9　减速器主要零件间荐用配合

配合零件	荐用配合	装拆方法
大、中型减速器的低速级齿轮（蜗轮）与轴的配合，轮缘与轮芯的配合	$\dfrac{H7}{r6}$，$\dfrac{H7}{s6}$	用压力机或温差法（中等压力的配合，小过盈配合）
一般齿轮、蜗轮、带轮、联轴器与轴的配合	$\dfrac{H7}{r6}$	用压力机（中等压力的配合）
要求对中性良好及很少装拆的齿轮、蜗轮、联轴器与轴的配合	$\dfrac{H7}{n6}$	用压力机（较紧的过渡配合）
圆锥小齿轮及较常装拆的齿轮、联轴器与轴的配合	$\dfrac{H7}{m6}$，$\dfrac{H7}{k6}$	手锤打入（过渡配合）
滚动轴承内孔与轴的配合	轻负载：j6、k6 中等负载：m6、n6	用压力机（实际为过盈配合）
滚动轴承外圈与箱座孔的配合	H7，H6（精度要求高时）	木锤或徒手装拆
轴套、溅油轮、封油环、挡油环等与轴的配合	$\dfrac{D11}{js6}$，$\dfrac{D11}{k6}$，$\dfrac{D9}{m5}$，$\dfrac{D9}{k5}$	徒手装拆
轴承套杯与箱座孔的配合	$\dfrac{H7}{h6}$	徒手装拆
轴承盖与箱座孔（或套杯孔）的配合	$\dfrac{H7}{h9}$，$\dfrac{H7}{f9}$，$\dfrac{J7}{f8}$，$\dfrac{M7}{f9}$	徒手装拆
嵌入式轴承盖的凸缘厚与箱座孔中凹槽之间的配合	$\dfrac{H11}{h11}$	徒手装拆

减速器主要零件推荐使用的配合及标注如图6-15、图6-16所示。

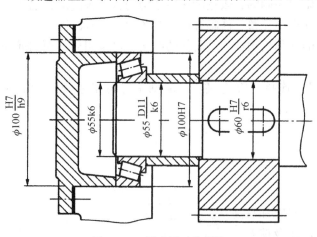

图6-15　配合尺寸的标注

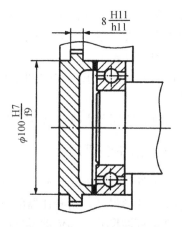

图6-16　嵌入式轴承盖的标注

二、注明技术特性

在减速器装配图的适当位置写出减速器的技术特性，其内容见表6-10。

表6-10 减速器技术特性

输入功率 /kW	输入转速 /(r/min)	效率 η	总传动比 /i	传动特性							
				第一级				第二级			
				m_n	z_1/z_2	β	精度等级	m_n	z_1/z_2	β	精度等级

三、编写技术要求

装配图上应写明有关装配、调整、润滑、密封、检验、维护等方面的技术要求。一般减速器的技术要求，通常包括以下几个方面的内容。

（1）装配前所有零件均应清除铁屑并用煤油或汽油清洗，箱体内不应有任何杂物存在，内壁应涂上防蚀涂料。

（2）注明传动件及轴承所用润滑剂的牌号、用量、补充和更换的时间。

（3）箱体剖分面及轴外伸段密封处均不允许漏油，箱体剖分面上不允许使用任何垫片，但允许涂刷密封胶或水玻璃。

（4）写明对传动侧隙和接触斑点的要求，作为装配时检查的依据。对于多级传动，当各级传动的侧隙和接触斑点要求不同时，应分别在技术要求中注明。

（5）对安装调整的要求。对可调游隙的轴承（如圆锥滚子轴承和角接触球轴承），应在技术条件中标出轴承游隙数值。对于两端固定支承的轴系，若采用不可调游隙的轴承（如深沟球轴承），则要注明轴承盖与轴承外圈端面之间应保留的轴向间隙（一般为0.25～0.4 mm）。

（6）其他要求。如果必要时可对减速器试验、外观、包装、运输等提出要求。

四、对全部零件进行编号

在装配图上应对所有零件进行编号，不能遗漏，也不能重复，图中完全相同的零件只编一个序号。

对零件编号时，可按顺时针或逆时针顺序依次排列引出指引线，各指引线不应相交。对螺栓、螺母和垫圈这样一组紧固件，可用一条公共的指引线分别编号，如图6-17所示。独立的组件、部件（如滚动轴承、通气器、油面指示器等）可作为一个零件编号。零件编号时，可以不分标准件和非标准件统一编号；也可将两者分别进行编号。

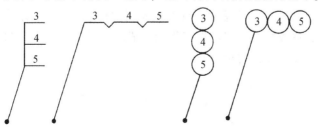

图6-17 公共引线编号方法

装配图上零件序号的字体应大于标注尺寸的字体。

五、编制零件明细栏、标题栏

明细栏列出了减速器装配图中表达的所有零件。对于每一个编号的零件，在明细栏上都要按序号列出其名称、数量、材料及规格等。标题栏应布置在图纸的右下角，用来注明减速器的名称、比例、图号、件数、重量、设计人姓名等。

标题栏及明细栏可采用国家标准规定的格式，也可采用课程设计推荐的格式，图6-18、图6-19所示为推荐的一种格式。

02	滚动轴承 7210 C	2		GB/T 292—1994	
01	箱座	1	HT200		
序号	名称	数量	材料	标准	备注
10	45	10	20	40	(25)

图 6-18　明细栏

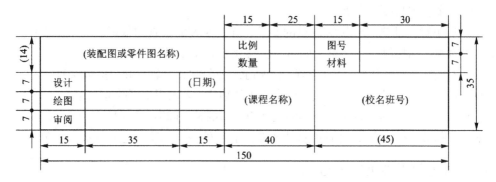

图 6-19　标题栏

完成以上工作后即可得到完整的装配工作图。装配工作图完成后，应再仔细地进行一次检查。检查的内容主要有以下几个方面。

（1）视图的数量是否足够，减速器的工作原理、结构和装配关系是否表达清楚。

（2）尺寸标注是否正确，各处配合与精度的选择是否适当。

（3）技术要求和技术特性是否正确，有无遗漏。

（4）零件编号是否有遗漏或重复。标题栏及明细栏是否符合要求。

装配工作图检查修改之后，待零件工作图完成后，再加深描粗。图上的文字和数字应按制图要求工整地书写，图面要保持整洁。

项目七 零件工作图的设计与绘制

任务 7-1 零件工作图的要求

一、设计要求

零件工作图是零件制造、检验和制定工艺规程的主要技术文件。它既要反映出设计意图，又要考虑到制造的可能性和合理性。一张设计正确的零件图可以起到减少废品、降低生产成本、提高生产率和机械使用性能的作用，合理设计和正确绘制零件工作图是设计过程中的一个重要环节。

在课程设计中要求学生绘制减速器全套零件图，使学生掌握零件工作图的设计内容，并严格按照国标规范绘制。

二、设计要点

1. 正确选择视图

每个零件必须单独绘制在一个标准图幅中，尽量采用1：1比例画图。视图的选择应能清楚正确地表达出零件各部分结构形状及尺寸，对于细部结构（如倒角、圆角、退刀槽等），如果有必要可放大绘制局部视图。

在视图中所表达的零件结构形状，应与装配图一致，不应随意改动，如果必须改动，则装配图一般也要作相应的修改。

2. 完整标注尺寸

注意正确选择尺寸基准面，尺寸标注要做到清晰合理、不遗漏、不重复，也不封闭，要便于零件的加工和检验，避免在加工过程中作换算。零件的大部分尺寸尽量标注在最能反映该零件结构特征的一个视图上。

3. 合理标注公差及表面粗糙度

对于所有的配合尺寸和精度等级要求较高的尺寸，都应标注出尺寸公差和形位公差。

零件的所有表面都应注明表面粗糙度值，以便于制定加工工艺。在常用参数值范围内，应优先选用 Ra 参数。在保证正常工作的条件下应尽量选用数值较大者，以便于加工。若大多数表面具有相同的表面粗糙度参数值，可在图纸右上角统一标注，并加"其余"

字样。

4. 正确填写传动零件的啮合特性表

对于齿轮、蜗轮类零件，由于其参数及误差检验项目较多，应在图纸右上角列出啮合特性表，标注主要参数、精度等级及误差检验项目等。

5. 正确编写技术要求

对于不便在图形上表明而又是制造中应明确的内容，可用文字在技术要求中说明。技术要求一般包括以下几个方面内容。

(1) 对材料的机械性能和化学成分的要求。

(2) 对铸锻件及其他毛坯件的要求，如时效处理、去毛刺等要求。

(3) 对零件的热处理方法及热处理后硬度的要求。

(4) 对加工的要求，如配钻、配铰等。

(5) 对未注圆角、倒角的要求。

(6) 其他特殊要求，如对大型或高速齿轮的平衡试验要求等。

6. 画出标题栏

在图纸的右下角画出标题栏，并将零件名称、材料、零件号、数量及绘图比例等准确无误地填写在标题栏中。

任务 7-2　轴类零件工作图的设计与绘制

一、视图选择

一般只需一个视图，在有键槽、孔的地方，可用断面图表达。对不易表达清楚的局部（如退刀槽、砂轮越程槽、中心孔等），必要时可绘制局部放大图，如附录一所示。

二、尺寸标注

轴类零件的尺寸主要是直径和长度。直径尺寸直接标注在相应的各轴段处，在配合处的直径，应按装配图中的配合类型标注尺寸偏差。各段之间的过渡圆角或倒角等细部结构的尺寸也应标出（或在技术要求中加以说明）。

长度尺寸的标注，应首先选好基准面，然后根据加工工艺的要求进行尺寸标注，不允许出现封闭尺寸链。如图 7-1 所示，其主要基准面选择在轴肩 I—I 处，它是大齿轮轴向定位面，并影响其他零件的装配位置。在确定了 I—I 的位置后，轴上各零件的位置即可随之确定。考虑加工情况，取轴的两个端面作为辅助基准。对精度要求较高的轴段，应直接标注长度尺寸，对精度要求不高的轴段，可不直接标注长度尺寸。

键槽尺寸及偏差的标注方法见附表 3-9。

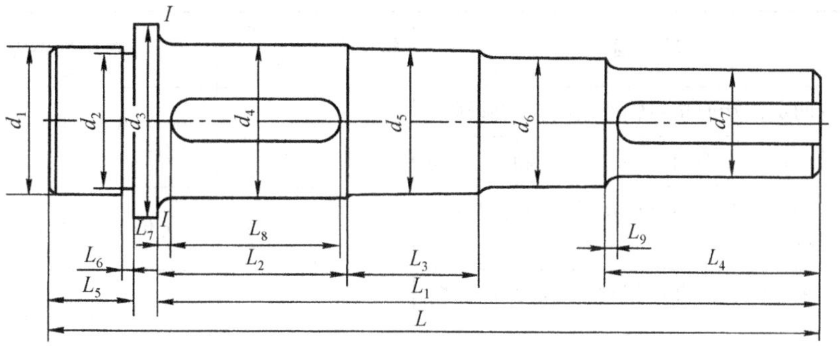

图 7-1　轴的长度尺寸标注示例

三、表面粗糙度

轴的表面需要加工，应标注各表面的粗糙度。若粗糙度选择过低，则影响配合表面的性质，使零件不能保证工作要求；若选择过高，则会影响加工工艺，使制造成本增加。因此，表面粗糙度的选择要合理，可参考表 7-1。

表 7-1　轴加工表面粗糙度荐用值　　μm

<table>
<tr><th>加工表面</th><th colspan="5">表面粗糙度 Ra</th></tr>
<tr><td>与滚动轴承相配合的轴颈表面</td><td colspan="5">0.8（轴承内径 d≤80 mm）；1.6（轴承内径 d>80 mm）</td></tr>
<tr><td>与滚动轴承相配合的轴肩端面</td><td colspan="5">1.6</td></tr>
<tr><td>与传动零件、联轴器相配合的圆柱表面</td><td colspan="5">1.6～0.8</td></tr>
<tr><td>与传动零件、联轴器相配合的轴肩端面</td><td colspan="5">3.2～1.6</td></tr>
<tr><td>平键键槽</td><td colspan="5">3.2（工作面）；　6.3（非工作面）</td></tr>
<tr><td rowspan="4">密封轴段表面</td><td colspan="2">毡圈密封</td><td colspan="2">橡胶密封</td><td>间歇或迷宫式密封</td></tr>
<tr><td colspan="4">与轴接触处的圆周速度/(m/s)</td><td></td></tr>
<tr><td>≤3</td><td colspan="2">>3～5</td><td>>5～10</td><td rowspan="2">3.2～1.6</td></tr>
<tr><td>3.2～1.6</td><td colspan="2">0.8～0.4</td><td>0.4～0.2</td></tr>
</table>

四、形位公差

为保证装配质量及工作性能，对轴的配合表面和定位端面，应标注必要的形状和位置公差，减速器轴的形位公差标注项目见表 7-2。

表 7-2　轴的形位公差推荐标注项目

内　容	项　目	符　号	精度等级	对工作性能影响
形状公差	与传动零件相配合直径的圆度	○	7～8	影响传动零件与轴配合的松紧及对中性
	与传动零件相配合直径的圆柱度	⌭		
	与轴承相配合直径的圆柱度	⌭	5～6	影响轴承与轴配合的松紧及对中性

续表

内　容	项　目	符　号	精度等级	对工作性能影响
位置公差	齿轮的定位端面相对轴心线的端面圆跳动	↗	6～8	影响齿轮和轴承的定位及其受载均匀性
	轴承的定位端面相对轴心线的端面圆跳动		5～6	
	与传动零件配合的直径相对于轴心线的径向圆跳动		6～8	影响传动件的运转同心度
	与轴承相配合的直径相对于轴心线的径向圆跳动	↗	5～6	影响轴和轴承的运转同心度
	键槽侧面对轴中心线的对称度	═	7～9	影响键受载的均匀性及装拆的难易程度

五、技术要求

技术要求主要有以下内容。

（1）对轴的热处理方法和热处理后硬度的要求，淬火及渗碳深度的要求。

（2）对加工的要求，如图上未画出中心孔，应注明中心孔类型及代号的要求，又如和其他零件一起加工（配钻或配铰等）的要求。

（3）对图中未注明的圆角、倒角尺寸的要求，可查附录一。

任务 7-3　齿轮类零件工作图的设计与绘制

一、视图选择

一般用两个视图表示。主视图通常采用通过轴线的全剖或半剖视图，左视图可采用表达毂孔和键槽的形状、尺寸为主的局部视图。

二、尺寸标注

齿轮类零件的轴孔是加工、测量和装配的主要基准。径向尺寸以轴线为基准标出，而轴向尺寸以端面为基准标出。分度圆直径是设计的基本尺寸，应标出。齿根圆直径在齿轮加工时无须测量，在图样上不标注；径向尺寸还应标注齿顶圆直径、轴孔直径、轮毂直径等；轴向尺寸应标注轮毂长、齿宽及腹板厚度等。

为了保证传动装置的工作质量，齿轮类零件工作图中所有的配合尺寸及精度要求高的尺寸，都应标注尺寸偏差，如轴孔直径偏差、齿坯齿顶圆偏差、键槽尺寸偏差等。

一般来讲，齿顶圆公差都是减公差，外齿轮齿顶圆公差分两种情况选取。在齿顶不做基准的情况下，一般按 h11 选取；若加工中齿顶圆要做加工或测量基准，则最少选用 h7 或更高，但不大于 $0.1m_n$，m_n 为法面模数。

三、表面粗糙度

齿轮类零件的所用表面都应标明表面粗糙度，可从表7-3中选取相应的表面粗糙度 Ra 推荐值。

表7-3　齿轮加工表面粗糙度荐用值　　　　　　　　　　　μm

齿轮的精度等级 / 各面的粗糙度 Ra	6	7	8	9
轮齿齿面	0.8～0.4	1.6～0.8	3.2～1.6	6.3～3.2
作基准的齿顶圆柱面	1.6	3.2～1.6	3.2～1.6	6.3～3.2
不作基准的齿顶圆柱面	12.5～6.3			
齿轮基准孔	1.6～0.8	1.6～0.8	3.2～1.6	6.3～3.2
齿轮轴的轴颈				
齿轮基准端面	1.6～0.8	3.2～1.6	3.2～1.6	6.3～3.2
平键键槽	6.3～3.2（工作面）；12.5～6.3（非工作面）			
其他加工表面	12.5～6.3			

四、形位公差

轮坯的形位公差对齿轮类零件的传动精度影响很大，一般需标注的项目有：齿顶圆的径向圆跳动、基准端面对轴线的端面圆跳动、键槽侧面对孔心线的对称度和轴孔的圆柱度。具体内容和精度等级可从表7-4的推荐项目中选取。

表7-4　轮坯形位公差的推荐项目

项　　目	符　号	精度等级	对工作性能的影响
圆柱齿轮以顶圆作为测量基准时齿顶圆的径向圆跳动 锥齿轮的齿顶圆锥的径向圆跳动 蜗轮外圆的径向圆跳动 蜗杆外圆的径向圆跳动	↗	按齿轮、蜗轮精度等级确定	影响齿厚的测量精度，并在切齿时产生相应的齿圈径向圆跳动误差 导致传动件的加工中心与使用中心不一致，引起分齿不均，同时会使轴心线与机床的垂直导轨不平行而引起齿向误差
基准端面对轴线的端面圆跳动	↗		
键槽侧面对孔中心线的对称度	＝	7～9	影响键侧面受载的均匀性
轴孔的圆度	○	7～9	影响传动零件与轴配合的松紧及对中性
轴孔的圆柱度	⌭		

五、啮合特性表

齿轮的啮合特性表应布置在齿轮零件工作图幅的右上角，啮合参数表的内容包括齿轮的主要参数及误差检验项目等。表7-5所示为圆柱齿轮啮合参数表的主要内容，其中误差检验项目和公差值可查有关齿轮精度的国家标准。

表 7-5　啮合参数表

模数	m（m_n）			相啮合齿轮	图号及齿数	
齿数	z			误差检验项目		
压力角	α		I	齿圈径向跳动公差	F_r	见附表 8-8
齿顶高系数	h_a^*（h_{an}^*）		I	齿距累积公差	F_p	见附表 8-8
螺旋角	β		II	齿距极限偏差	f_{pt}	见附表 8-8
螺旋方向	左或右		II	齿廓总公差	F_α	见附表 8-8
径向变位系数	x		III	螺旋线总公差	F_β	见附表 8-9
精度等级	见附表 8-5		公法线长度及偏差（或齿厚及偏差）		见附表 8-11 ～附表 8-13
中心距及偏差	$a \pm f_a$	见附表 8-10	跨齿数（对于公法线长度）		k

六、齿轮精度及检验项目

表 7-5 中列出的精度及项目内容，请参阅附表 8-5～附表 8-13，特别注意的是：

圆柱齿轮精度按 GB/T10095.1—2001、GB/T10095.2—2001 标准执行，此标准为新标准，应替代 GB/T 10095—1988 标准，规定了 13 个精度等级，6～8 级为中精度等级。在齿轮标准中，齿轮误差、偏差统称为齿轮偏差，将偏差与公差共用一个符号表示，如 F_α 既表示齿廓总偏差，又表示齿廓总公差。

齿轮精度等级标注示例如下。

7 GB/T10095.1—2001：该标注含义为齿轮各项偏差项目均为 7 级精度，且符合 GB/T10095.1—2001 要求。

7 F_p6（$F_\alpha F_\beta$）GB/T10095.1—2001：该标注含义为齿轮各项偏差项目均应符合 GB/T10095.1—2001 要求，F_p 为 7 级精度，F_α、F_β 均为 6 级精度。

齿厚偏差标注仍按照 GB/T6443—1986 的规定，应将齿厚（或公法线长度）及其极限偏差值写在图样右上角的参数表中，而不写在上述的精度等级标注示例中。

七、技术要求

技术要求主要有以下内容。

（1）对齿轮的热处理方法和热处理后硬度的要求，淬火及渗碳深度的要求。

（2）对大型或高速齿轮的平衡试验要求。

（3）对图中未注明的圆角、倒角尺寸的要求。

任务 7-4　铸造箱体工作图的设计与绘制

一、视图选择

箱体类零件结构比较复杂，一般用三个基本视图来表示。为表示箱体内部和外部结构的尺寸，常需增加一些局部剖视图或局部视图。当两孔不在一条轴线上时，可采用阶梯剖视图表示。对于油标孔、螺栓孔、螺纹孔、放油孔等细部结构，可采用局部剖视图表示。

二、尺寸标注

箱体类零件的尺寸标注比轴类零件和齿轮类零件复杂得多，且尺寸繁多。标注尺寸时应注意以下几点。

（1）箱体尺寸可分为形状尺寸和定位尺寸。形状尺寸是确定箱体各部分形状大小的尺寸，如箱体长、宽、高、壁厚、各种孔径及深度、圆角半径、槽的深度、螺纹尺寸等。这类尺寸应直接注出，而不应有任何计算。定位尺寸是确定箱体各部位相对于基准的位置尺寸，如螺纹孔的中心线、油塞孔中心线等与基准的距离。定位尺寸都应从基准（或辅助基准）直接标注。

（2）正确选择尺寸标注的基准。最好采用加工基准作为标注尺寸的基准，这样便于加工和测量。箱座或箱盖的高度方向尺寸最好以剖分面（加工基准面）为基准，如箱体凸缘厚度、轴承旁凸台高度、箱盖上吊环中心的位置等尺寸均以剖分面为基准进行标注。同时箱座高度方向的尺寸也应以箱座底平面为基准进行标注，如油塞孔、油标孔高度方向的位置、底座厚度、箱座高度等尺寸的标注。箱体宽度方向的尺寸，应以箱体宽度方向的对称中心线为基准进行标注，如箱体宽度、螺栓（螺钉）孔沿宽度方向的位置、箱座上地脚螺栓孔沿宽度方向的定位等尺寸的标注。箱体沿长度方向的尺寸，应以轴承座孔中心线为主要基准进行标注，如轴承座孔中心距、轴承座孔旁螺栓孔的位置、箱座上地脚螺栓孔沿长度方向的定位等尺寸的标注。同时箱座和箱盖彼此对应的尺寸应标注在相同的位置。

（3）对于影响机器工作性能的尺寸应直接标出，以保证加工的准确性，如箱体轴承座孔的中心距应直接标出，并应注明中心距尺寸偏差。

（4）所有配合尺寸都应注出其偏差值，如轴承座孔的尺寸偏差。

（5）所有倒圆半径、倒角尺寸、拔模斜度等都必须标注或在技术要求中说明。

此外，标注尺寸时应避免出现封闭尺寸链。

三、表面粗糙度

箱体类零件加工表面粗糙度推荐值见表7-6。

表7-6　减速器箱体加工表面的粗糙度推荐值　　　　　　μm

加工表面	表面粗糙度 Ra
箱体剖分面（基准面）	3.2～1.6
与普通精度级滚动轴承配合的轴承座孔	1.6～0.8（当轴承外径 $D \leqslant 80$ mm） 3.2～1.6（当轴承外径 $D > 80$ mm）
嵌入端盖凸缘槽面	6.3～3.2
观察孔盖接合面	12.5
圆锥定位销孔	3.2～1.6

续表

加工表面	表面粗糙度 Ra
螺栓孔、螺栓或螺钉的沉头座	12.5～6.3
与轴承盖或套杯配合的孔表面	3.2～1.6
减速器箱座底面（基准面）	12.5～6.3
轴承座孔外端面	3.2
油沟	12.5～6.3
螺塞孔	12.5～6.3
其他配合表面	6.3～3.2
其他非配合表面	12.5～6.3

四、形位公差

箱体形位公差要求较多，具体内容和精度等级可从表 7-7 的推荐项目中选取。

表 7-7　箱体形位公差的推荐项目

内　容	项　目	符　号	推荐精度等级（或公差值）	对工作性能的影响
形状公差	轴承座孔圆柱度	⌭	对普通精度级滚动轴承选 6～7 级	影响箱体与轴承的配合性能及对中性
	箱体剖分面的平面度	▱	7～8	
位置公差	轴承座孔的中心线对其端面的垂直度	⊥	对普通精度级滚动轴承选 7～9 级	影响轴承固定及轴向受载的均匀性
	轴承座孔中心线相互间的平行度	∥	5～7	影响传动件的传动平稳性及载荷分布的均匀性
	圆锥齿轮减速器及蜗杆减速器的箱体中轴承孔中心线相互间的垂直度	⊥	根据齿轮和蜗轮的精度确定	
	轴承座孔的中心线对箱体剖分面在垂直平面上的位置度	⊕	公差值≤0.3 mm	影响孔系精度及轴系装配
	两轴承座孔中心线的同轴度	◎	7～8	影响减速器的装配及传动零件的载荷分布均匀性

五、技术要求

技术要求应包括以下内容。

（1）箱体与箱盖配做加工（如配做剖分面上的定位销孔加工、螺栓孔、轴承座孔等）的说明。

（2）铸件应进行时效处理及清砂、表面防护（如涂装）的要求。

（3）对铸件质量的要求（如不得有裂纹和超过规定的缩孔等）。

（4）对未注明的圆角、倒角及铸造斜度的说明。

（5）其他必要的说明（如轴承座孔中心线的平行度和垂直度的要求在图中未标注时，可在技术要求中说明）。

轴、齿轮、箱体类的零件图的样图可参阅图 9-4～图 9-8。

项目八 编制设计说明书与准备答辩

减速器的设计计算、装配工作图和零件工作图完成后，还要编写设计说明书，并准备答辩。编写设计说明书和准备答辩，都是机械设计基础课程设计的重要环节。

任务 8-1　说明书编制

设计说明书是图纸设计的理论依据，又是对设计计算的整理和总结，而且还是审核设计是否合理的技术文件之一。因此，编写设计说明书是设计工作的一个重要组成部分，是培养学生整理技术资料、编写技术文件能力的十分重要的工作。

一、编制说明书的要求

设计说明书要求计算准确、论述清楚、文字简练、书写工整，并应注意以下几点要求。

（1）计算部分要列出计算公式，代入有关数据，得出计算结果，标注单位并写出结论（如"强度足够""在允许范围内"等）。对于主要的计算结果，在说明书的右侧一栏填写，使其醒目突出。

（2）为了清楚地说明计算内容，应附必要的简图（如传动方案简图、传动件草图等）。

（3）全部计算过程中所采用的符号、角标等应前后一致，且单位要统一。

（4）计算说明书用 A4 大小纸张编写，应标出页次，编好目录，最后加封面装订成册。

二、说明书包括的内容

设计说明书的内容视设计任务而定，对于以减速器为主的机械传动装置设计，其设计说明书大致包括以下内容。

（1）前言。

（2）目录（标题和页次）。

（3）设计任务书。

（4）传动装置设计方案的分析和拟订（包括传动方案的机构运动简图）。

（5）电动机的选择计算。

（6）传动装置运动参数和动力参数计算。

（7）传动零件设计计算。

（8）轴的设计计算。

（9）滚动轴承的选择和校核计算。

（10）键连接的选择和校核计算。

（11）联轴器的选择和校核计算。

（12）减速器箱体的设计（包括主要结构尺寸的计算及必要的说明）。

（13）减速器的润滑及密封（包括润滑及密封的方式、润滑剂的牌号及用量）。

（14）减速器附件的选择及说明。

（15）设计小结（简要说明课程设计的体会、收获、本设计的优缺点分析、今后改进的意见等）。

（16）参考资料及文献（序号、责任人、书名、出版地、出版者和出版年等）。

三、说明书书写格式示例

以传动零件设计中齿轮传动为例，书写格式如下

计算项目及内容	主要结果
…………	
四、齿轮传动计算	
1. 材料选择	
…………………	有关数据引自××第
2. 按齿面接触疲劳强度计算	××～××页
① 转矩 T_1	
…………………	$z_1 = 25$
② 载荷系数 K 及材料的弹性系数 Z_E	$z_2 = 100$
…………………	
③ 齿数 z_1 和齿宽系数 φ_d	
取小齿轮的齿数 $z_1 = 25$，则大齿轮齿数 $z_2 = 100$	$m = 2.5$ mm
④ 许用接触应力 $[\sigma_H]$	
…………………	
$m = \dfrac{d_1}{z_1} = \dfrac{58.05}{25} = 2.32$（mm）	$d_1 = 62.5$ mm
取标准模数 $m = 2.5$ mm	$d_2 = 250$ mm
3. 主要尺寸计算	$b_2 = 65$ mm
$d_1 = mz_1 = 2.5 \times 25 = 62.5$（mm）	$b_1 = 70$ mm
$d_2 = mz_2 = 2.5 \times 100 = 250$（mm）	$a = 156.25$ mm
$b = \varphi_d d_1 = 1 \times 62.5 = 62.5$（mm）	
经圆整后取 $b_2 = 65$ mm，$b_1 = b_2 + 5 = 70$（mm）	$\sigma_F < [\sigma_F]$
$a = \dfrac{m\,(z_1 + z_2)}{2} = 156.25$（mm）	
4. 按齿根弯曲疲劳强度校核	
…………………	
5. 验算齿轮的圆周速度 v	
…………………	

任务 8-2　准 备 答 辩

答辩是课程设计的最后一个环节，是检查学生实际掌握知识的情况和设计的成果，评定设计成绩的一个重要方面。学生完成设计后，应及时做好答辩的准备。通过准备答辩可以对设计过程进行全面的分析和总结，发现存在的问题，因此准备答辩是一个再提高的过程。

一、答辩前的准备

答辩前，应认真整理和检查全部图纸和说明书，进行系统、全面的回顾和总结。搞清设计中每一个数据、公式的使用，弄懂图纸上的结构设计问题，每一线条的画图依据以及技术要求等其他问题。做好总结可以把还不懂或尚未考虑到的问题搞懂、弄透，以取得更大的收获。总结可以书面形式写在计算书的最后一页，以便老师查阅。

最后把图纸叠好，说明书装订好，放在图纸袋内准备答辩。

二、答辩思考题

1. 传动装置的总体设计

（1）带传动、链传动、齿轮传动应如何布置？为什么？

（2）你所设计的减速器的总传动比是如何确定和分配的？

（3）各种传动机构的传动比范围大概为多少？

（4）同一轴的功率 P、转矩 T、转速 n 之间有何关系？你所设计的减速器中各轴上的功率 P、转矩 T、转速 n 是如何确定的？

（5）电动机的满载转速和同步转速有什么不同？设计时应按哪个转速？为什么？

2. 传动零件的设计计算

（1）什么是带传动的弹性滑动和弹性打滑？可否避免？弹性打滑首先发生在哪个带轮上？

（2）带传动失效的形式及设计准则是什么？

（3）小带轮直径选大或选小对设计出的带传动有何影响？

（4）如何提高带传动的承载能力？传动带的根数对带传动的工作有何影响？怎样调整？

（5）试述你所设计齿轮传动的主要失效形式及设计准则。

（6）你所设计齿轮减速器的模数 m 和齿数 z 是如何确定的？为什么低速级齿轮的模数大于高速级？

（7）在进行齿轮传动设计时，如何选择齿宽系数？如何确定轮齿的宽度 b_1 与 b_2？

（8）为什么通常大、小齿轮的宽度不同，且 $b_1 > b_2$？

（9）大、小齿轮的硬度为什么有差别？哪一个齿轮的硬度高？

（10）在锥齿轮传动中，如何调整两齿轮的锥顶使其重合？

（11）在什么情况下采用直齿轮？什么情况下采用斜齿轮？

（12）可采用什么办法减小齿轮传动的中心距？

（13）在闭式齿轮传动的设计参数和几何尺寸中，哪些应取标准值？哪些应该圆整？哪些必须精确计算？

（14）在什么情况下齿轮应与轴制成一体？在哪些情况下，齿轮结构采用实心式、腹板式、轮辐式？

（15）斜齿圆柱齿轮传动的中心距应如何圆整？圆整后，应如何调整 m、z 和 β 等参数？

（16）蜗杆传动有何特点？宜在什么情况下采用？

（17）为什么蜗杆传动比齿轮传动效率低？

（18）根据你的设计，谈谈为什么要采用蜗杆上置（或蜗杆下置）的结构类型。

（19）锥齿轮或蜗轮为什么需要调整轴向位置？如何调整？

（20）锥齿轮传动中，大小齿轮的齿宽是否相等？

（21）斜齿圆柱齿轮哪个面内的模数为标准值？圆锥齿轮的标准模数是在大端还是在小端？蜗杆传动以哪个平面内参数和尺寸为标准？

（22）在两级圆柱齿轮减速器中，如果其中一级采用斜齿轮，那么它应该放在高速级还是低速级？为什么？如果两级均采用斜齿轮，那么中间轴上两齿轮的轮齿旋向应如何确定？为什么？

（23）在蜗杆传动中，蜗轮的转向如何确定？啮合时的受力方向如何确定？

3. 轴、轴承的设计计算

（1）为什么转轴多设计成阶梯轴？以减速器中输出轴为例，说明各轴段的直径和长度如何确定。

（2）以减速器的输出轴为例，说明轴上零件的轴向定位与周向定位方法。

（3）试述低速轴上零件的装拆顺序。

（4）轴上的退刀槽，砂轮越程槽和圆角的作用是什么？你所设计的轴上哪些部位采用了上述结构？

（5）试述你选用的滚动轴承代号的含义。

（6）你是怎样选滚动轴承类型和尺寸的？轴承在轴承座孔中的位置应如何确定？

（7）角接触球轴承或圆锥滚子轴承为什么要成对使用？

（8）滚动轴承有哪些失效形式？如何验算其寿命？

（9）滚动轴承的寿命不能满足要求时，应如何解决？

（10）轴承端盖有哪几种类型？各有什么特点？

（11）嵌入式轴承端盖结构如何调整轴承间隙及轴向位置？

（12）轴承在轴上如何安装和拆卸？在设计轴的结构时如何考虑轴承的装拆？

（13）为什么在两端固定式的轴承组合设计中要留有轴向间隙？对轴承轴向间隙的要求如何在装配图中体现？

（14）你在轴承的组合设计中采用了哪种支承结构类型？为什么？

（15）轴上键槽的位置与长度如何确定？你所设计的键槽是如何加工的？

（16）设计轴时，对轴肩（或轴环）的高度及圆角半径有什么要求？

（17）对轴进行强度校核时，如何选取危险剖面？

（18）同一轴上两端的滚动轴承类型和直径是否应一致？为什么？

（19）如何计算角接触球轴承和圆锥滚子轴承所受的轴向载荷？

（20）滚动轴承外圈与箱体的配合、内圈与轴的配合有什么不同？

4. 键、联轴器的选择与计算

（1）键连接如何工作？单键不能满足设计要求时应如何解决？

（2）如何选择、确定键的类型和尺寸？

（3）键连接应进行哪些强度核算？若强度不够如何解决？

（4）键在轴上的位置如何确定？键连接设计中应注意哪些问题？

（5）常用联轴器有哪些类型？怎样选择？

（6）你的设计中所选用的联轴器型号是什么？你是根据什么来选择的？

（7）选择联轴器的主要依据是什么？

5. 箱体的结构及附件设计

（1）减速器箱体常用哪些材料制造？你选用什么材料？为什么？

（2）箱体高度是如何确定的？其长度和宽度又是如何确定出来的？

（3）减速器箱体采用剖分式有何好处？

（4）箱体上螺栓连接处的扳手空间根据什么来确定？

（5）减速器轴承座上下处的加强肋有何作用？

（6）启盖螺钉的作用是什么？如何确定其位置？

（7）通气器的作用是什么？应安装在哪个部位？你选用的通气器有何特点？

（8）检查孔有何作用？检查孔的大小及位置如何确定？

（9）油标的用途、种类以及位置如何确定？

（10）你所设计箱体上油标的位置是如何确定的？如何利用该油标测量箱内油面高度？

（11）放油螺塞的作用是什么？放油孔应开在哪个部位？

（12）试述螺栓连接的防松方法。在你的设计中采用了哪种方法？

（13）箱座与箱盖的定位销起什么作用？通常应有几个？定位销的尺寸怎样确定？选用圆锥销与圆柱销有何不同？

（14）箱体上的吊耳、吊环螺钉起什么作用，应布置在什么位置？

（15）轴承凸台旁连接螺栓的直径和螺栓间距离是如何确定的？

6. 减速器润滑、密封选择及其他

（1）为了保证轴承的润滑与密封，你在减速器结构设计中采取了哪些措施？

（2）滚动轴承采用脂润滑还是油润滑，根据是什么？

（3）减速器箱体内润滑油面的高度如何确定？最低油面如何确定？

（4）什么情况下滚动轴承旁加挡油板？

（5）伸出轴与端盖间的密封件有哪几种？你在设计中选择了哪种密封件？

（6）减速器中哪些部位需要密封？如何保证密封要求？

（7）上下箱体接合面处应如何密封？

（8）轴承端盖与箱体之间所加垫片的作用是什么？

7. 装配图与零件图设计

（1）装配图的作用是什么？应标注哪几类尺寸？为什么？

（2）如何选择减速器主要零件的配合？传动零件与轴、滚动轴承与轴及轴承座孔的配合和公差等级应如何选择？

（3）装配图上的技术要求主要包括哪些内容？

（4）明细栏的作用是什么？应填写哪些内容？

（5）零件图的作用和设计内容有哪些？

（6）标注尺寸时如何选择基准？

项目九　设计图样参考实例

装配图示例1（单级、凸缘式）

单级圆柱齿轮减速器（轴承油润滑、轴承盖凸缘式）如图 9-1 所示。

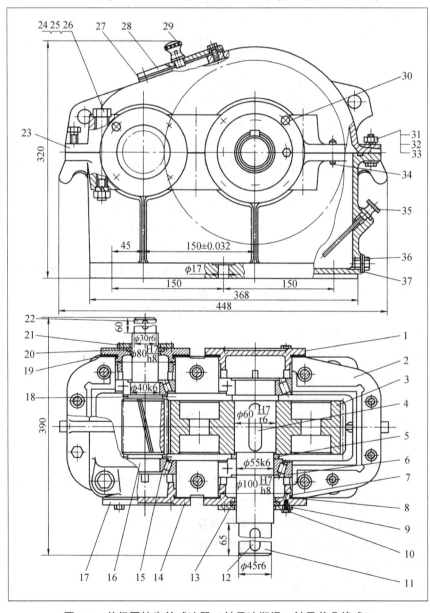

图 9-1　单级圆柱齿轮减速器（轴承油润滑、轴承盖凸缘式）

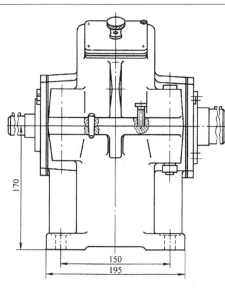

技术特性

输入功率 kW	高速轴转速 r·min⁻¹	传动比 i
4	572	3.95

技术要求

1. 啮合侧隙大小用铅丝检验，保证侧隙不小于0.16mm。铅丝直径不得大于最小侧隙的两倍。
2. 用涂色法检验轮齿接触斑点，要求齿高接触斑点不少于40%，齿宽接触斑点不少于50%。
3. 应调整轴承的轴向间隙，ϕ40mm为0.05～0.01mm，ϕ55mm为0.08～0.15mm。
4. 箱内装全损耗系统用油L-AN68至规定高度。
5. 箱座、箱盖及其他零件未加工的内表面，齿轮的未加工表面涂底漆并涂红色耐油油漆。箱盖、箱座及其他零件未加工的外表面涂底漆并涂浅灰色油漆。
6. 运转过程中应平稳、无冲击、无异常振动和噪声。各密封处、接合处均不得渗油、漏油。剖分面允许涂密封胶或水玻璃。
7. 按试验规程进行试验。

37	垫片	1	衬垫石棉板		
36	螺塞	1	Q235A	JB/ZQ 4450—1986	
35	油标尺	1			组合件
34	销8×30	2		GB/T 117—2000	
33	垫圈10	2		GB/T 93—1987	
32	螺母M10	2		GB/T 41—2000	
31	螺栓M10×40	3		GB/T 5780—2000	
30	螺钉M8×25	16		GB/T 5780—2000	
29	通气器	1			
28	窥视孔盖	1	Q215		
27	垫片	1	衬垫石棉板		
26	垫圈12	6		GB/T 93—1987	
25	螺母M12	6		GB/T 41—2000	
24	螺栓M12×120	6		GB/T 5780—2000	
23	箱盖	1	HT200		
22	键8×7×50	1		GB/T 1096—2003	
21	密封盖	1	Q235		
20	毡圈	1	细毛毡		
19	轴承端盖	1	HT150		
18	挡油环	2	Q215		
17	调整垫片	2组	08F		
16	齿轮轴	1	45		
15	滚动轴承30208	2		GB/T 297—1994	
14	轴承端盖	1	HT150		
13	毡圈	1	细毛毡		
12	键14×9×50	1		GB/T 1096—2003	
11	轴	1	45		
10	螺钉M6×16	12		GB/T 5782—2000	
9	密封盖	1	Q235		
8	调整垫片	2组	08F		
7	轴承端盖	1	HT150		
6	滚动轴承30211	2		GB/T 297—1994	
5	套筒	1	Q235		
4	键16×10×63	1		GB/T 1096—2003	
3	齿轮	1	40		
2	箱座	1	HT150		
1	轴承端盖	1	HT150		
序号	名 称	数量	材料	标准	备注
一级圆柱齿轮减速器		比例		图号	
		数量		重量	
设计	（日期）	机械设计基础课程设计		（校名）	
审核				（班名）	

图9-1 单级圆柱齿轮减速器（轴承油润滑、轴承盖凸缘式）（续）

装配图示例 2（单级、嵌入式）

单级圆柱齿轮减速器（轴承脂润滑、轴承盖嵌入式）如图 9-2 所示。

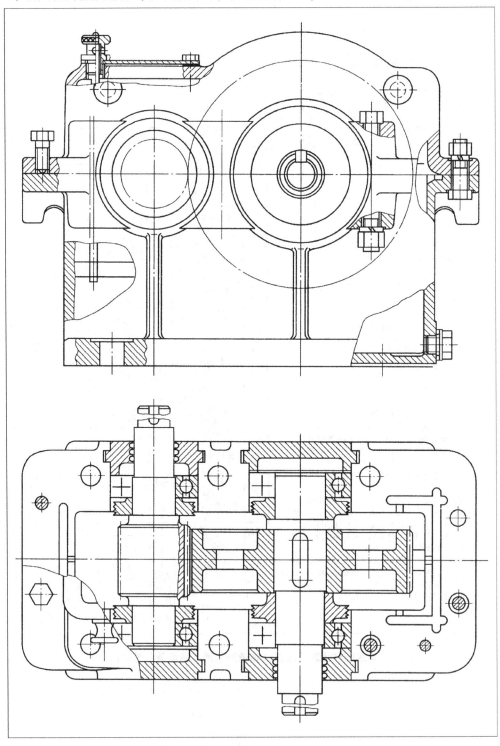

图 9-2　单级圆柱齿轮减速器（轴承脂润滑、轴承盖嵌入式）

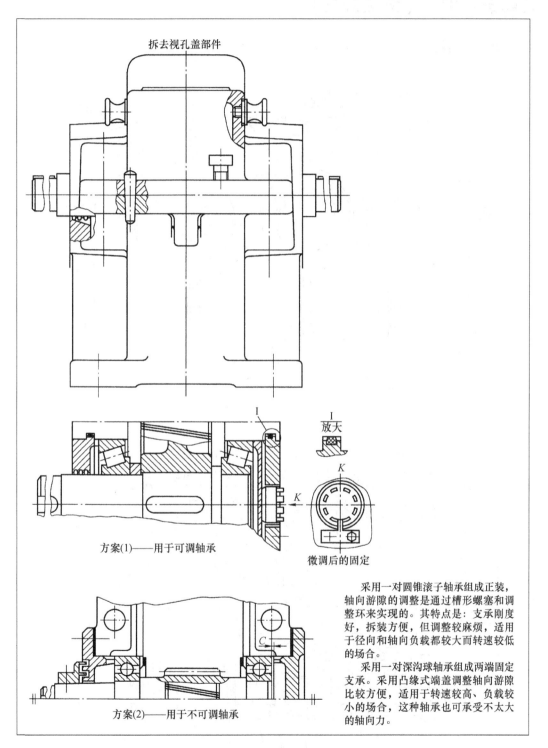

拆去视孔盖部件

I
放大

方案(1)——用于可调轴承

微调后的固定

采用一对圆锥滚子轴承组成正装，轴向游隙的调整是通过槽形螺塞和调整环来实现的。其特点是：支承刚度好，拆装方便，但调整较麻烦，适用于径向和轴向负载都较大而转速较低的场合。

采用一对深沟球轴承组成两端固定支承。采用凸缘式端盖调整轴向游隙比较方便，适用于转速较高、负载较小的场合，这种轴承也可承受不太大的轴向力。

方案(2)——用于不可调轴承

图 9-2　单级圆柱齿轮减速器（轴承脂润滑、轴承盖嵌入式）（续）

装配图示例 3（两级圆柱）

两级圆柱齿轮减速器（展开式）如图 9-3 所示。

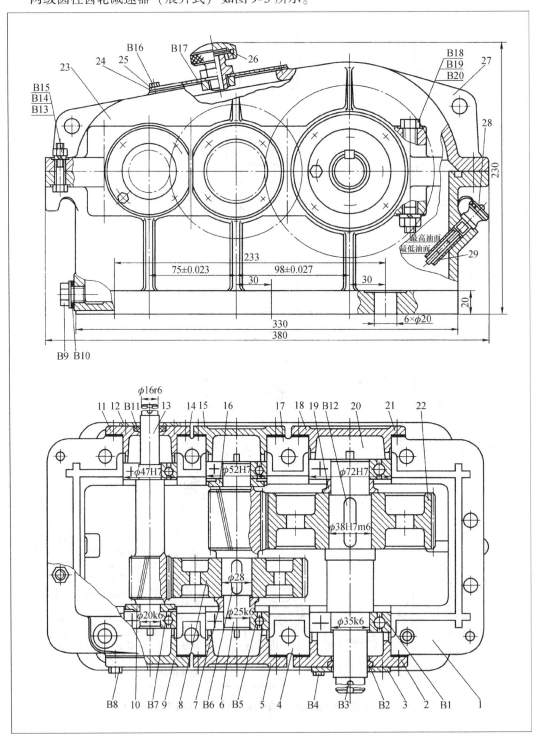

图 9-3　两级圆柱齿轮减速器（展开式）

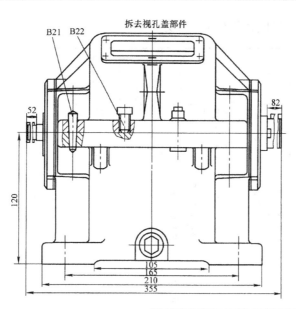

拆去视孔盖部件

技术特性

输入功率/kW	输入轴转速/(r·min⁻¹)	效率 η	总传动比 i	转动特性			
				第一级		第二级	
				m_n	β	m_n	β
4	1440	0.93	11.99	2	13°43′48″	2.5	11°2′38″

技术要求

1. 装配前箱体与其他铸件不加工面应清理干净，除去毛边、毛刺，并涂防锈漆。

2. 零件在装配前用煤油清洗，轴承用汽油清洗干净，晾干后表面应涂油。

3. 齿轮装配后应用涂色法检查接触斑点，圆柱齿轮沿齿高不小于40%，沿齿长不小于50%

4. 调整、固定齿轮轴承前留有轴向间隙0.2~0.5mm。

5. 箱内装全损耗系统用油 L-AN68 至规定高度。

6. 箱体内壁涂耐油油漆，减速器外表面涂灰色油漆。

7. 减速器剖分面、各接触面及密封处均不允许漏油，箱体剖分面应涂以密封胶或水玻璃，不允许使用其他任何填充料。

8. 按试验规程进行试验。

高速轴方案

高速轴采用两端全对称结构，当一端齿轮损坏时，便于调头继续使用。

B13	螺栓M10×35	1	Q235	GB/T 5782—2000
B12	键8×40		45	GB/T 1096—2000
B11	毡圈	1	半粗羊毛毡	JB/ZQ 4606—1997
B10	封油圈	1	软钢纸板	
B9	油塞M8×12	1	Q235	
B8	螺钉M8×12	24	Q235	GB/T 5783—2000
B7	角接触球轴承	2	7204C	GB/T292—1994
B6	键8×28	1	45	GB/T 1096—2003
B5	角接触球轴承	2	36205	GB/T 292—1994
B4	螺钉M5×10	4	Q235	GB/T 5782—2000
B3	键C8×7×52	1	45	GB/T 1096—2000
B2	毡圈	1	半粗羊毛毡	JB/ZQ 4606—1997
B1	角接触球轴承	2	7207C	GB/T 292—1994

12	密封盖	1	Q235		
11	轴承盖	1	HT200		
10	挡油盘	1	Q235		
9	轴承盖	1	HT200		
8	大齿轮	1	45		
7	套筒	1	Q235		
6	轴	1	45		
5	轴承盖	1	HT200		
4	调整垫片	2组	08F		
3	密封盖	1	Q235		
2	轴承盖	1	HT200		
1	箱座	1	HT200		
序号	零件名称	数量	材料	规格及标准代号	备注
二级圆柱齿轮减速器		比例		图号	
		数量		重量	
设计	（日期）	机械设计基础课程设计		（校名）	
审核				（班名）	

图9-3　两级圆柱齿轮减速器（展开式）（续）

零件图示例（齿轮、轴、箱盖、箱座）

齿轮、轴、箱盖、箱座如图9-4～图9-8所示。

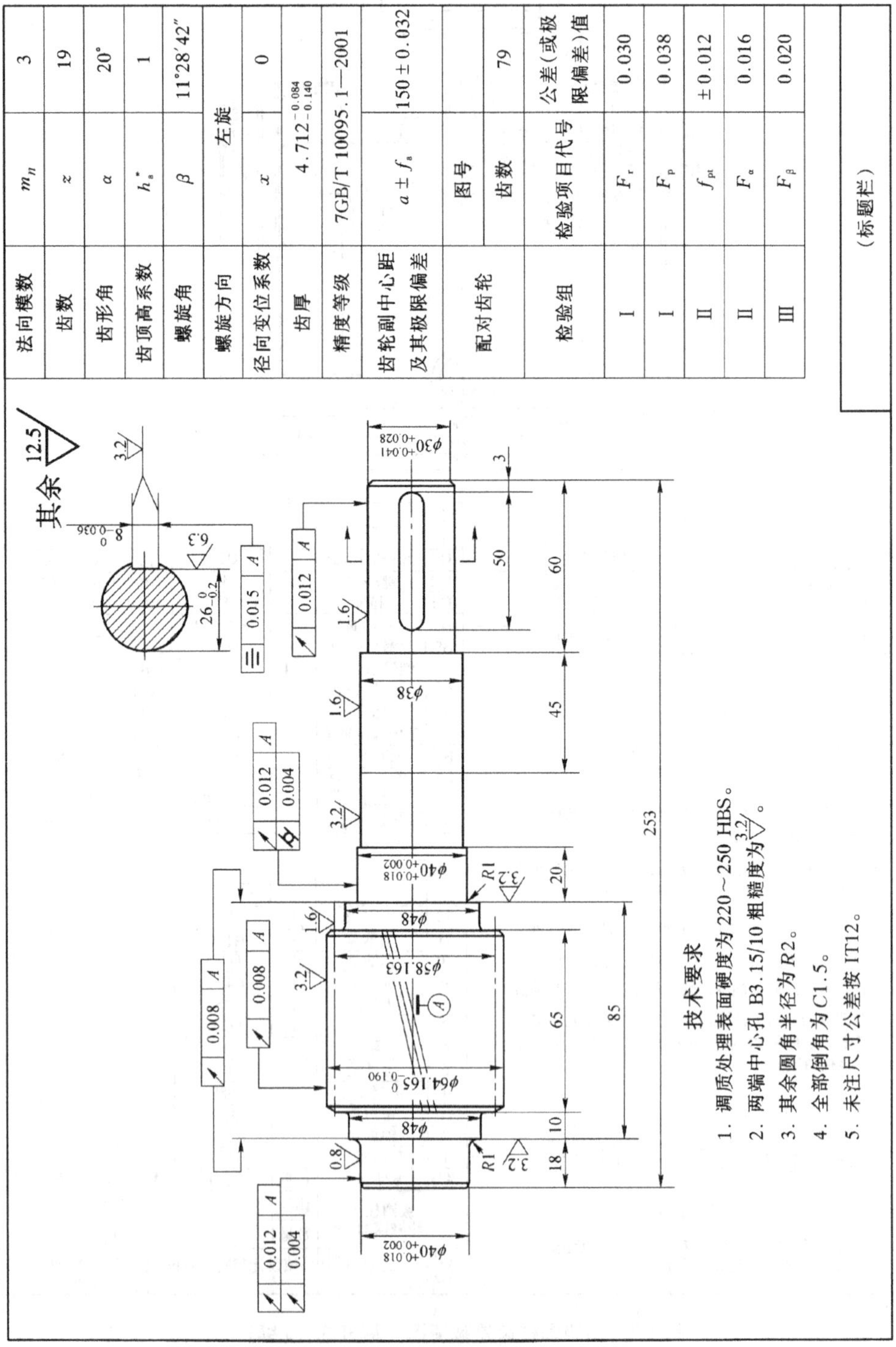

法向模数	m_n	3
齿数	z	19
齿形角	α	20°
齿顶高系数	h_a^*	1
螺旋角	β	11°28'42"
螺旋方向		左旋
径向变位系数	x	0
齿厚		$4.712_{-0.140}^{-0.084}$
精度等级	7GB/T 10095.1—2001	
齿轮副中心距及其极限偏差	$a \pm f_a$	150 ± 0.032
配对齿轮	图号	
	齿数	79

检验组	检验项目代号	公差（或极限偏差）值
Ⅰ	F_r	0.030
Ⅰ	F_p	0.038
Ⅱ	f_{pt}	±0.012
Ⅱ	F_a	0.016
Ⅲ	F_β	0.020

（标题栏）

其余 $\overset{12.5}{\triangledown}$

技术要求

1. 调质处理表面硬度为220～250 HBS。
2. 两端中心孔 B3.15/10 粗精度为 $R2$。
3. 其余圆角半径为 $R2$。
4. 全部倒角为 $C1.5$。
5. 未注尺寸公差按 IT12。

图9-4 齿轮轴

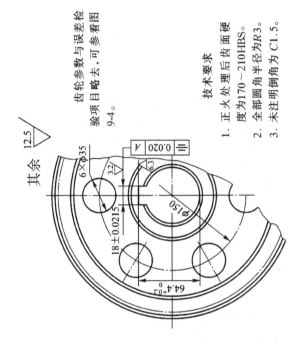

其余 12.5

齿轮参数与误差检
验项目略去，可参看图
9-4。

技术要求

1. 正火处理后齿面硬
度为170～210HBS。
2. 全部圆角半径为R3。
3. 未注明倒角为C1.5。

$6 \times \phi 35$

3.2

18 ± 0.0215

$\phi 150$

6.3

$64.4^{+0.2}_{0}$

| 0.020 | A |

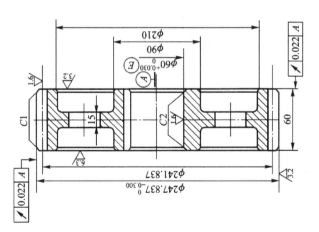

$\phi 210$

$\phi 90$

$\phi 60^{+0.030}_{0}$ E

A

$C1$

15

$C2$

60

$\phi 241.837$

$\phi 247.837^{0}_{-0.300}$

3.2

| 0.022 | A |

| 0.022 | A |

图9-5 大齿轮

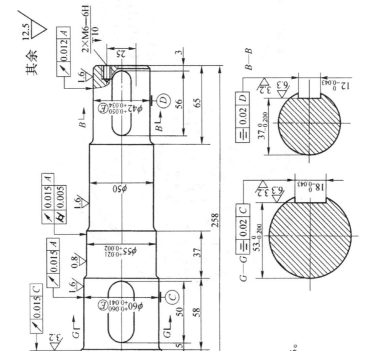

技术要求

1. 调质处理后表面硬度为220～250HBS。

2. 两端中心孔 B3.5/10 的圆角半径为R1.5。

3. 全部圆角半径为R1.5。

4. 全部倒角为C1.5。

5. 未注尺寸公差按 IT12。

图9-6 从动轴

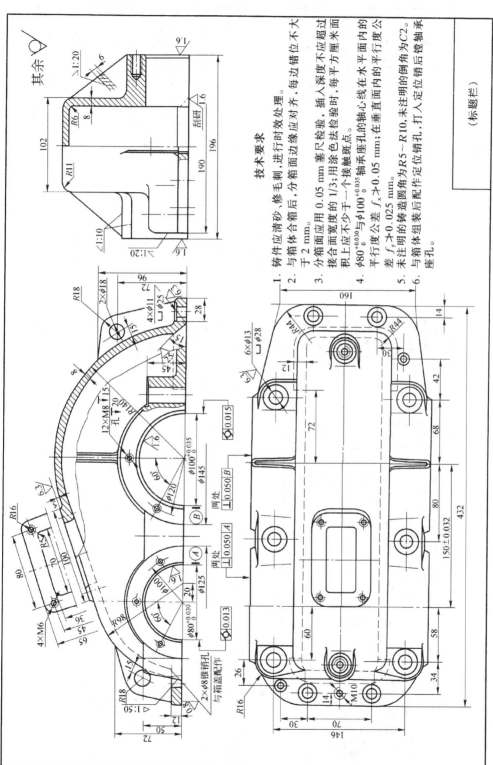

技术要求

1. 铸件应清砂、修毛刺,进行时效处理。
2. 与箱体合箱后,分箱面边缘应对齐,每边错位不大于2 mm。
3. 分箱面应用 0.05 mm 塞尺检验,插入深度不应超过接合面宽度的 1/3;用涂色法检验时,每平方厘米面积上应不少于一个接触斑点。
4. $\phi80^{+0.030}_{0}$ 与 $\phi100^{+0.035}_{0}$ 轴承座孔的轴心线在水平面内的平行度公差 $f_x > 0.05$ mm;在垂直面内的平行度公差 $f_y > 0.025$ mm。
5. 未注明的铸造圆角为 $R5 \sim R10$,未注明的倒角为C2。
6. 与箱体组装后配作定位销孔,打入定位销后镗轴承座孔。

图9-7 减速器箱盖

93

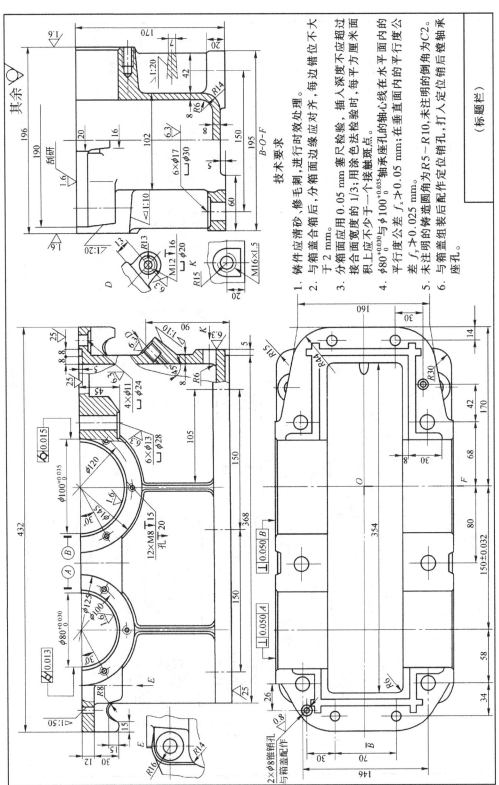

技术要求

1. 铸件应清砂、修毛刺,进行时效处理。
2. 与箱盖合箱后,分箱面边缘应对齐,每边错位不应超过 2 mm。
3. 分箱面应用 0.05 mm 塞尺检验,插入深度不应超过接合面宽度的 1/3;用涂色法检验时,每平方厘米面积上应不少于一个接触斑点。
4. $\phi80^{+0.030}_{0}$ 与 $\phi100^{+0.035}_{0}$ 轴承座孔的轴心线在水平面内的平行度公差 $f_x \not> 0.05$ mm;在垂直面内的平行度公差 $f_y \not> 0.025$ mm。
5. 未注明的铸造圆角为 $R5\sim R10$,未注明的倒角为 $C2$。
6. 与箱盖组装后配作定位销孔,打入定位销后镗轴承座孔。

(标题栏)

图9-8 减速器箱座

附录 机械设计常用标准和规范

附录一 一 般 标 准

附录 1-1 图纸幅面与图样比例

附表 1-1 图纸幅面 (GB/T 14689—1993) mm

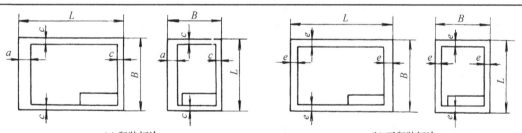

(a) 留装订边 (b) 不留装订边

幅面代号	A0	A1	A2	A3	A4
$B \times L$	$841 \times 1\,189$	594×841	420×594	297×420	210×297
a	25				
c	10			5	
e	20		10		

注：必要时，可以将表中幅面的长边加长，如 A1×3 的幅面尺寸为 841×1 783。

附表 1-2 图样比例 (GB/T 14690—1993)

	优先采用的比例	必要时允许采用的比例
原值比例	1:1	
放大比例	2:1 5:1 $1 \times 10^n:1$ $2 \times 10^n:1$ $5 \times 10^n:1$	2.5:1 4:1 $2.5 \times 10^n:1$ $4 \times 10^n:1$
缩小比例	1:2 1:5 1:10 $1:2 \times 10^n$ $1:5 \times 10^n$ $1:1 \times 10^n$	1:1.5 1:2.5 1:3 1:4 1:6 $1:1.5 \times 10^n$ $1:2.5 \times 10^n$ $1:3 \times 10^n$ $1:4 \times 10^n$ $1:6 \times 10^n$

注：n 为正整数。

附录 1-2　标准尺寸

附表 1-3　标准尺寸（直径、长度、高度）（GB/T 2822—2005）　　　　mm

R			R_a			R			R_a			R			R_a		
R10	R20	R40	R_a10	R_a20	R_a40	R10	R20	R40	R_a10	R_a20	R_a40	R10	R20	R40	R_a10	R_a20	R_a40
2.50	2.50		2.5	2.5		40	40	40.0	40	40	40		280	280		280	280
	2.80			2.8				42.5			42			300			300
3.15	3.15		3.0	3.0			45	45.0		45	45	315	315	315	320	320	320
	3.55			3.5				47.5			48			335			340
4.00	4.00		4.0	4.0		50	50	50.0	50	50	50		355	355		360	360
	4.50			4.5				53.0			53			375			380
5.00	5.00		5.0	5.0			56	56.0		56	56	400	400	400	400	400	400
	5.60			5.5				60.0			60			425			420
6.30	6.30		6.0	6.0		63	63	63.0	63	63	63		450	450		450	450
	7.10			7.0				67.0			67			475			480
8.00	8.00		8.0	8.0			71	71.0		71	71	500	500	500	500	500	500
	9.00			9.0				75.0			75			530			530
10.0	10.0		10.0	10.0		80	80	80.0	80	80	80		560	560		560	560
	11.2			11				85.0			85			600			600
12.5	12.5	12.5	12	12	12		90	90.0		90	90	630	630	630	630	630	630
		13.2			13			95.0			95			670			670
	14.0	14.0		14	14	100	100	100	100	100	100		710	710		710	710
		15.0			15			106			105			750			750
16.0	16.0	16.0	16	16	16		112	112		110	110	800	800	800	800	800	800
		17.0			17			118			120			850			850
	18.0	18.0		18	18	125	125	125	125	125	125		900	900		900	900
		19.0			19			132			130			950			950
20.0	20.0	20.0	20	20	20		140	140		140	140	1 000	1 000	1 000	1 000	1 000	1 000
		21.2			21			150			150			1 060			
	22.4	22.4		22	22	160	160	160	160	160	160		1 120	1 120			
		23.6			24			170			170			1 180			
25.0	25.0	25.0	25	25	25		180	180		180	180	1 250	1 250	1 250			
		26.5			26			190			190			1 320			
	28.0	28.0		28	28	200	200	200	200	200	200		1 400	1 400			
		30.0			30			212			210			1 500			
31.5	31.5	31.5	32	32	32		224	224		220	220	1 600	1 600	1 600			
		33.5			34			236			240			1 700			
	35.5	35.5		36	36	250	250	250	250	250	250		1 800	1 800			
		37.5			38			265			260			1 900			

注：1. 选择系列及单个尺寸时，应首先在优先数系 R 系列中选用标准尺寸，其顺序为：R10、R20、R40、如果必须将数值圆整，可在相应的 R_a 系列中选用标准尺寸。

2. 本标准适用于机械制造业中有互换性或系列化要求的主要尺寸，其他结构尺寸也应尽量采用，对于由主要尺寸导出的因变量尺寸和工艺上工序间的尺寸，可按专用标准选用。

附录 1-3 中心孔

附表 1-4 中心孔形式及其尺寸（GB/T 145—2001） mm

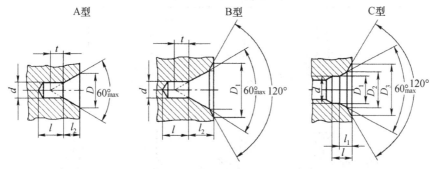

d	D、D_1		l_2（参考）		t(参考)	d	D_1	D_3	l	l_1（参考）	选择中心孔的参考数据		
A、B 型	A 型	B 型	A 型	B 型	A、B 型	C 型					D_{min}	D_{max}	$G/(kg)$
1.6	3.35	5.00	1.52	1.99	1.4					6	>8～10	100
2.00	4.25	6.30	1.95	2.54	1.8					8	>10～18	120
2.50	5.30	8.00	2.42	3.20	2.2					10	>18～30	200
3.15	6.70	10.00	3.07	4.03	2.8	M3	3.2	5.8	2.6	1.8	12	>30～50	500
4.00	8.50	12.50	3.90	5.05	3.5	M4	4.3	7.4	3.2	2.1	15	>50～80	800
(5.00)	10.60	16.00	4.85	6.41	4.4	M5	5	8.8	4.0	2.4	20	>80～120	1 000
6.30	13.20	18.00	5.98	7.36	5.5	M6	6.3	10.5	5.0	2.8	25	>120～180	1 500
(8.00)	17.00	22.40	7.79	9.36	7.0	M8	8.4	13.2	6.0	3.3	30	>180～220	2 000
10.00	21.20	28.00	9.70	11.66	8.7	M10	10.5	16.3	7.5	3.8	35	>220～260	2 500

注：1. A 型和 B 型中心孔的尺寸 l 取决于中心钻的长度，此值不应小于 t 值；

2. 括号内的尺寸尽量不采用；

3. D_{min} 为原料端部最小直径，D_{max} 为轴状材料最大直径，G 为工件最大质量。

附表 1-5 中心孔的表示方法（GB/T 4459.5—1999） mm

要 求	标注示例	解 释
在完工的零件上要求保留中心孔	GB/T 4459.5—B2.5/8	采用 B 型中心孔 $d=2.5$，$D_1=8$ 在完工的零件上要求保留
在完工的零件上可以保留中心孔	GB/T 4459.5—A4/8.5	采用 A 型中心孔 $d=4$，$D=8.5$ 在完工的零件上是否保留都可以
在完工的零件上不允许保留中心孔	GB/T 4459.5—A1.6/3.35	采用 A 型中心孔 $d=1.6$，$D=3.35$ 在完工的零件上不允许保留

附录 1-4　倒圆与倒角

附表 1-6　零件倒圆、倒角类型及尺寸（摘自 GB/T 6403.4—1986）　　　mm

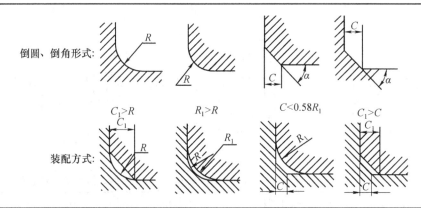

倒圆、倒角尺寸											
R	0.1	0.2	0.3	0.4	0.5	0.6	0.8	1.0	1.2	1.6	2.0	2.5
C	4.0	5.0	6.0	8.0	10	12	16	20	25	32	40	50	—

内角倒角、外角倒圆时 C_{max} 与 R_1 关系																				
R_1	0.1	0.2	0.3	0.4	0.5	0.6	0.8	1.0	1.2	1.6	2.0	2.5	3.0	4.0	5.0	6.0	8.0	10	12	16	20	25
C_{max}	—	0.1	—	0.2	—	0.3	0.4	0.5	0.6	0.8	1.0	1.2	1.6	2.0	2.5	3.0	4.0	5.0	6.0	8.0	10	12

与直径 ϕ 相应的倒角 C、倒圆 R 的推荐值											
ϕ	<3	>3～6	>6～10	>10～18	>18～30	>30～50	>50～80	>80～120	>120～180	>180～250	>250～320	>320～400
C、R	0.2	0.4	0.6	0.8	1.0	1.6	2.0	2.5	3.0	4.0	5.0	6.0

注：α 一般采用45°，也可采用30°或60°。

附录 1-5　轴肩与轴环

附表 1-7　轴肩与轴环尺寸　　　mm

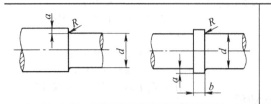

$a = (0.07 \sim 0.1)\ d$

$b \approx 1.4a$

定位用 $a > R$，R 为倒圆半径，见附表 1-6

附录 1-6　砂轮越程槽

附表 1-8　回转面及端面砂轮越程槽的类型及尺寸（摘自 GB/T 6403.5—2008）　mm

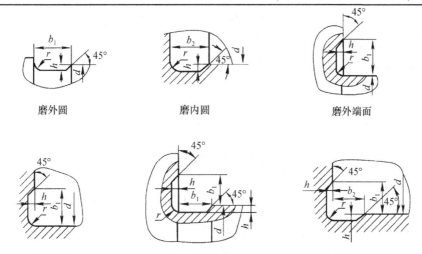

磨外圆　　　　　　　　磨内圆　　　　　　　　磨外端面

磨内端面　　　　　　磨外圆及端面　　　　　　磨内圆及端面

b_1	0.6	1.0	1.6	2.0	3.0	4.0	5.0	8.0	10
b_2	2.0	3.0		4.0		5.0		8.0	10
h	0.1	0.2		0.3		0.4	0.6	0.8	1.2
r	0.2	0.5		0.8		1.0	1.6	2.0	3.0
d	~10			>10~50		>50~100		>100	

注：1. 越程槽内与直线相交处不允许产生尖角；

2. 越程槽深度 h 与圆弧半径 r 要满足 $r \leqslant 3h$。

附录 1-7　铸造相关标准

附表 1-9　铸件最小壁厚（≥）　mm

铸造方法	铸件尺寸	铸钢	灰铸铁	球墨铸铁	可锻铸铁	铝合金	铜合金
砂型	~200×200	8	~6	6	5	3	3~5
	>200×200~500×500	10~12	>6~10	12	8	4	6~8
	>500×500	15~20	15~20			6	

附表 1-10　铸造斜度（JB/ZQ 4257—1986）

斜度 $b:h$	角度 β	使用范围
1:5	11°30′	$h < 25$ mm 的钢和铁铸件
1:10；1:20	5°30′；3°	h 在 25~500 mm 时的钢和铁铸件
1:50	1°	$h > 500$ mm 时的钢和铁铸件
1:100	30′	有色金属铸件

注：当设计不同壁厚的铸件时，在转折点处的斜角最大还可增大到 30°~45°。

附表 1-11　铸造过渡斜度（JB/ZQ 4254—1986）　　　　　　　　　mm

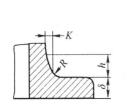

铸铁和铸钢件的壁厚 δ	K	h	R
10～15	3	15	5
>15～20	4	20	5
>20～25	5	25	5
>25～30	6	30	8
>30～35	7	35	8
>35～40	8	40	10
>40～45	9	45	10
>45～50	10	50	10

附表 1-12　铸造内圆角（JB/ZQ 4255—1986）

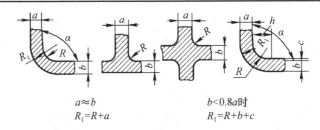

$a \approx b$　　　　　　　　$b < 0.8a$ 时
$R_1 = R + a$　　　　　　$R_1 = R + b + c$

$(a+b)/2$	R 值/mm											
	内圆角 α											
	$<50°$		$51°～75°$		$76°～105°$		$106°～135°$		$136°～165°$		$>165°$	
	钢	铁	钢	铁	钢	铁	钢	铁	钢	铁	钢	铁
≤8	4	4	4	4	6	4	8	6	16	10	20	16
9～12	4	4	4	4	6	6	10	8	16	12	25	20
13～16	4	4	6	4	8	6	12	10	20	16	30	25
17～20	6	4	8	6	10	8	16	12	25	20	40	30
21～27	6	6	10	8	12	10	20	16	30	25	50	40

"c" 和 "h" 值/mm				
b/a	<0.4	$0.5～0.65$	$0.66～0.8$	>0.8
$c \approx$	0.7 $(a-b)$	0.8 $(a-b)$	$(a-b)$	—
$h \approx$　钢	$8c$			
$h \approx$　铁	$9c$			

附表 1-13　铸造外圆角（JB/ZQ 4256—1986） mm

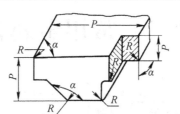

表面的最小边尺寸 P/mm	"R" 值/mm					
	外圆角 α					
	<50°	51°~75°	76°~105°	106°~135°	136°~165°	>165°
≤25	2	2	2	4	6	8
>25~60	2	4	4	6	10	16
>60~160	4	4	6	8	16	25
>160~250	4	6	8	12	20	30
>250~400	6	8	10	16	25	40
>400~600	6	8	12	20	30	50

附录二　常用金属材料

附表 2-1　优质碳素结构钢（GB 699—1999）

牌号	推荐热处理/℃			机械性能					应用举例
				σ_b	σ_s	σ_5	ψ	A_k	
	正火	淬火	回火	/MPa		/%		/J	
				≥					
08F	930			295	175	35	60		用于需塑性好的零件，如管子、垫片垫圈；心部强度要求不高的渗碳和氰化零件，如套筒、短轴、挡块、支架、靠模、离合器盘
10	930			335	205	31	55		用于制造拉杆、卡头、钢管垫片、垫圈、铆钉。这种钢无回火脆性，焊接性好，用来制造焊接零件
15	920			375	225	27	55		用于受力不大、韧性要求较高的零件、渗碳零件、紧固件、冲模锻件及不需要热处理的低负载零件，如螺栓、螺钉、拉条、法兰盘及化工贮器、蒸汽锅炉
20	910			410	245	25	55		用于不经受很大应力而要求很大韧性的机械零件，如杠杆、轴套、螺钉、起重钩等
25	900	870	600	450	275	23	50	71 (9)	用于制造焊接设备，以及经锻造、热冲压和机械加工的不承受高应力的零件，如轴、辊子、连接器、垫圈、螺栓、螺钉及螺母
35	870	850	600	530	315	20	45	55 (7)	用于制造曲轴，垫圈、螺钉、螺母
40	860	840	600	570	335	19	45	47 (6)	如辊子、轴、曲柄销、活赛杆、圆盘
45	850	840	600	600	355	16	40	39 (5)	制造齿轮、齿条、链轮、轴、键、销
50	830	830	600	630	375	14	40	31 (4)	用于制造齿轮、拉杆、轴辊、轴、圆盘
55	820	820	600	645	380	13	35		用于制造齿轮、连杆、轮圈、轮缘、扁弹簧及轧辊等
60	810			675	400	12	35		用于制造轧辊、轴、轮箍、弹簧圈、弹簧、弹簧垫圈、离合器、凸轮等
20Mn	910			450	275	24	50		凸轮轴、齿轮、联轴器、铰链等
30Mn	880	860	600	540	315	20	45	63 (8)	螺栓、螺母、螺钉、杠杆及刹车踏板等
40Mn	860	840	600	590	355	17	45	47 (6)	用以制造受疲劳负载的零件，如轴、万向联轴器、曲轴、连杆及在高应力下工作的螺栓、螺母等
50Mn	830	830	600	645	390	13	40	31 (4)	用于制造耐磨性要求很高，在高负载作用下的热处理零件，如齿轮、齿轮轴、摩擦盘、凸轮和截面在 80 mm 以下的心轴等
60Mn	810			695	410	11	35		适于制造弹簧、弹簧垫圈，弹簧环和片以及冷拔钢丝（≤7 mm）和发条

注：1. 表中机械性能是试样毛坯尺寸为 25 mm 的值；
　　2. 表中 σ_b 为抗拉强度；σ_s 为屈服强度；δ_5 为伸长率；ψ 为收缩率；A_k 为冲击功。

附表 2-2　合金结构钢（GB 3077—1999）

牌号	热处理				机械性能					特性及应用举例
	淬火		回火		σ_b	σ_s	δ_5	ψ	A_k	
	温度/℃	冷却剂	温度/℃	冷却剂	/MPa		/%		/J	
					≥					
20Mn2	850 880	水、油 水、油	200 440	水、空气	785	588	10	40	58.8	用于做渗碳小齿轮、小轴、钢套、链板等
35Mn2	840	水	500	水	834	686	12	45	68.7	对于截面较小的零件可代替 40Cr，可做直径≤15 mm 的重要用途的冷镦螺栓及小轴等
45Mn2	840	油	550	水、油	883	735	10	40	58.8	可做万向联轴器、齿轮、齿轮轴、蜗杆、曲轴、连杆、花键轴和摩擦盘等
35SiMn	900	水	570	水、油	883	735	15	45	58.8	可代替 40Cr 做调质钢，也可部分代替 40CrNi，可做中小型轴类、齿轮等零件
42SiMn	880	水	590	水	883	735	15	40	58.8	与 35SiMn 同。可代替 40Cr、35CrMo 做大齿圈
20Mnv	880	水、油	200	水、空气	785	588	10	40	68.7	相当于 20CrNi 的渗碳钢，渗碳淬火 HRC56～62
20MVBSin	900	油	200	水、空气	1 177	981	10	45	68.7	可代替 18CrMnTi、20CrMnTi 做高级渗碳齿轮等零件
40MnB	850	油	500	水、油	981	785	10	45	58.8	可代替 40Cr 做重要调质件，如齿轮、轴、连杆、螺栓等
37 SiMn2MoV	870	水、油	650	水、空气	987	834	12	50	78.5	可做高强度重负载轴、曲轴、齿轮、蜗杆等零件
20CrMnTi	880 870	油	200	水、空气	1 079	834	10	45	68.7	用于高速、中/重载荷、冲击磨损等的重要零件，如渗碳齿轮、凸轮等
20 CrMnMo	850	油	200	水、空气	1 177	883	10	45	68.7	如传动齿轮和曲轴等
38CrMoAl	940	水、油	640	水、油	981	834	14	50	88.3	如镗杆、主轴、蜗杆、齿轮、套筒、套环等
20Cr	880 800	水、油	200	水、空气	834	539	10	40	58.8	用于要求心部强度较高，承受磨损、尺寸较大的渗碳零件，如齿轮、齿轮轴、蜗杆、凸轮、活塞销等
40Cr	850	油	520	水、油	981	785	9	45	58.8	用于承受交变负载、中等负载、强烈磨损而无大冲击的重要零件，如齿轮、轴、曲轴、连杆等
20CrNi	850	水、油	460	水、油	785	10	588	50	78.5	用于制造承受较高载荷的渗碳零件，如齿轮、轴、花键轴、活塞销等
40CrNi	820	油	500	水、油	981	785	10	45	68.7	用于制造要求强度高、韧性高的零件，如齿轮、轴、链条、连杆等

注：表中 σ_b 为抗拉强度；σ_s 为屈服强度；δ_5 为伸长率；ψ 为收缩率；A_k 为冲击功。

附表 2-3　普通碳素结构钢（GB/T 700—2006）

牌　号	等　级	机械性能						抗拉强度 σ_b/MPa	伸长率 σ_5/%	应用举例
		屈服点 σ_s/MPa								
		钢材厚度（直径）/mm								
		≤16	16～40	40～60	60～100	100～150	150			
		≥								
Q195	—	(195)	(185)	—	—	—	—	315～390	33	不重要的钢结构及农机零件
Q215	A	215	205	195	185	175	165	335～460	31	
	B									
Q235	A	235	225	215	205	195	185	375～460	26	一般轴及零件
	B									
	C									
	D									
Q255	A	255	245	235	225	215	205	410～510	24	
	B									
Q275	—	275	265	255	245	235	225	490～610	20	车轮、钢轨、农机零件

注：表中 A、B、C、D 为 4 种质量等级。

附表 2-4　灰铸铁（GB/T 9439—2010）

牌　号	铸件壁厚/mm		最小抗拉强度 σ_b/MPa	硬度/HB	应用举例
	>	至			
HT100	2.5	10	130	110～166	盖、外罩、油盘、手轮、手把、支架等
	10	20	100	93～140	
	20	30	90	87～131	
	30	50	80	82～122	
HT150	2.5	10	175	137～205	端盖、汽轮泵体、轴承座、阀壳、管子及管路附件、手轮、一般机床底座、床身其他复杂零件，滑座、工作台等。
	10	20	145	119～179	
	20	30	130	110～166	
	30	50	120	141～157	
HT200	2.5	10	220	157～236	气缸、齿轮、底架、机体、飞轮、齿条等
	10	20	195	148～222	
	20	30	170	134～200	
	30	50	160	128～192	
HT250	4.0	10	270	175～262	阀壳、油缸、气缸、联轴器、机体、齿轮、齿轮桌处壳、飞轮、衬筒、凸轮、轴承座等
	10	20	240	164～246	
	20	30	220	157～236	
	30	50	200	150～225	
HT300	10	20	290	182～272	齿轮、凸轮、车床卡盘、剪床、压力机的机身、导板、六角自动车床及其他重负载机床铸有导轨的床身、高压油缸、液压泵和滑阀的壳体等
	20	30	250	168～251	
	30	50	230	161～241	
HT350	10	20	340	199～299	
	20	30	290	182～272	
	30	50	260	171～257	

注：灰铸铁的硬度，系由经验关系式计算得到。

附表 2-5　球墨铸铁（GB 1348—2009）

牌　号	抗拉强度 σ_b /MPa	屈服强度 σ_s /MPa	伸长率 σ /%	供参考 布氏硬度/ HBS	用　途
	最小值				
QT400—18	400	250	18	130～180	减速器箱体、阀体、阀盖、压缩机气缸、拔叉、离合器等
QT400—15	400	250	15	130～180	
QT450—10	450	310	10	160～210	油泵齿轮、阀门体、车辆轴瓦、凸轮、减速器箱体、轴承座等
QT500—7	500	320	7	170～230	
QT600—3	600	370	3	190～270	曲轴、凸轮轴、齿轮轴、机床主轴、缸体、缸套、连杆等
QT700—2	700	420	2	205～305	

注：表中牌号系由单铸试块测定的性能。

附录三　标准连接件

附录 3-1　普通螺纹的基本尺寸

附表 3-1　普通螺纹基本尺寸（GB/T 196—2003）　　　　mm

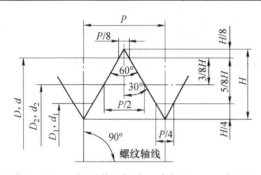

$H = 0.866P$;

$d_2 = d - 0.6495P$;

$d_1 = d - 1.0825P$;

P——螺距;

D、d ——内、外螺纹大径;

D_2、d_2——内、外螺纹中径;

D_1、d_1——内、外螺纹小径。

标记示例：M24　（粗牙普通螺纹，直径 24 mm，螺距 3 mm）

　　　　　　M24×1.5　（细牙普通螺纹，直径 24 mm，螺距 1.5 mm）

公称直径 D、d		粗　牙			细　牙
第一系列	第二系列	螺距 P	中径 D_2、d_2	小径 D_1、d_1	螺距 P
3		0.5	2.675	2.459	0.35
	3.5	(0.6)	3.110	2.850	
4		0.7	3.545	3.242	
	4.5	(0.75)	4.013	3.688	0.5
5		0.8	4.480	4.134	
6		1	5.350	4.917	0.75, (0.5)
8		1.25	7.188	6.647	1, 0.75, (0.5)
10		1.5	9.026	8.376	1.25, 1, 0.75, (0.5)
12		1.75	10.863	10.106	1.5, 1.25, 1, (0.75), 0.5
	14	2	12.701	11.835	1.5, (1.25), 1, (0.75), (0.5)
16			14.701	13.835	1.5, 1, (0.75), (0.5)
	18	2.5	16.376	15.294	2, 1.5, 1, (0.75), (0.5)
20			18.376	17.294	1.5, (0.75), (0.5)
	22		20.376	19.294	2, 1.5, 1, (0.75), (0.5)
24		3	22.051	20.752	2, 1.5, 1, (0.75)
	27		25.051	23.752	
30		3.5	27.727	26.211	(3), 2, 1.5, (0.75)
	33		30.727	29.211	(3), 2, 1.5, (1), (0.75)
36		4	33.402	31.670	3, 2, 1.5, (1)
	39		36.402	34.670	
42		4.5	39.077	37.129	
	45		42.077	40.129	(4), 3, 2, 1.5, (1)
48		5	44.752	42.587	

公称直径 D、d		粗　牙			细　牙
第一系列	第二系列	螺距 P	中径 D_2、d_2	小径 D_1、d_1	螺距 P
	52		48.752	46.587	(4)，3，2，1.5，(1)
56		5.5	52.428	50.046	
	60	(5.5)	56.428	54.046	4，3，2，1.5，(1)
64		6	60.103	57.505	
	68		64.103	61.505	

注：1. 优先选用第一系列，其次是第二系列，第三系列（表中未列出）尽可能不用，括号内尺寸尽可能
不用；

　　2. M14×1.25 仅用于火塞。

附录 3-2　螺纹紧固件

附表 3-2　六角头螺栓（GB/T 5782—2000）和六角头螺栓全螺纹（GB/T 5783—2000）　　mm

六角头螺栓	六角头螺栓全螺纹
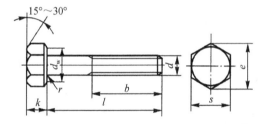	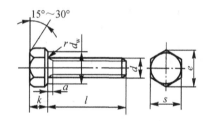

标记示例：

　　螺纹规格 d＝M12、公称长度 l＝80 mm、性能等级为8.8级、表面氧化、全螺纹、A级的六角头螺栓的标
记为：

　　螺栓 GB/T5783—2000　M12×80

螺纹规格 d		M3	M4	M5	M6	M8	M10	M12	M(14)	M16	M(18)	M20	M(22)	M24	M(27)	M30	M36
b 参考	$l\le125$	12	14	16	18	22	26	30	34	38	42	46	50	54	60	66	78
	$125<l\le200$	—	—	—	—	28	32	36	40	44	48	52	56	60	66	72	84
	$l>200$	—	—	—	—	—	—	53	57	61	65	69	73	79	85	97
$d_{w\min}$	A	4.6	5.9	6.9	8.9	11.6	14.6	16.6	19.6	22.5	25.3	28.2	31.7	33.6	—	—	—
	B	—	—	6.7	8.7	11.4	14.4	16.4	19.2	22	24.8	27.7	31.4	33.2	38	42.7	51.1
$e_{\min}$	A	6.07	7.66	8.79	11.05	14.38	17.77	20.03	23.35	26.75	30.14	33.53	37.72	39.98	—	—	—
	B	—	—	8.63	10.89	14.20	17.59	19.85	22.78	26.17	29.56	32.95	37.29	39.55	45.2	50.85	60.79
$r_{\min}$		0.1	0.2	0.2	0.25	0.4	0.4	0.6	0.6	0.6	0.6	0.8	1	0.8	1	1	1
a		1.5	2.1	2.4	3	3.75	4.5	5.25	6			7.5		9		10.5	12
S 公称		5.5	7	8	10	13	16	18	21	24	27	30	34	36	41	46	55
k 公称		2	2.8	3.5	4	5.3	6.4	7.5	8.8	10	11.5	12.5	14	15	17	18.7	22.5
公称长度 l 的系列		6，8，10，12，16，20～70（5 进位），80～160（10 进位），180，200															

注：1. 公称长度 l 中的 (55)、(65) 等规格尽量不采用；

　　2. 括号内为第二系列螺纹直径规格，A、B 为产品等级。

附表 3-3　开槽盘头螺钉（GB/T 67—2000）、开槽沉头螺钉（GB/T 68—2000）　　　mm

开槽盘头螺钉　　　　　　　　　　　　　　　　　开槽沉头螺钉

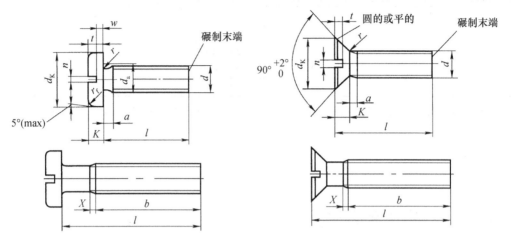

注：无螺纹部分杆径≈中径或=螺纹大径

标记示例：

螺纹规格 $d=$ M5、公称长度 $l=20$ mm、性能等级为 4.8 级、不经表面处理的开槽盘头螺钉、开槽沉头螺钉的标记分别为

螺钉 GB/T 67—2000　M5×20

螺钉 GB/T 68—2000　M5×20

螺纹规格 d			M1.6	M2	M2.5	M3	M4	M5	M6	M8	M10
螺距 p			0.35	0.4	0.45	0.5	0.7	0.8	1	1.25	1.5
a_{max}			0.7	0.8	0.9	1	1.4	1.6	2	2.5	3
b_{min}			25	25	25	25	38	38	38	38	38
n 公称			0.4	0.5	0.6	0.8	1.2	1.2	1.6	2	2.5
X_{max}			0.9	1	1.1	1.25	1.75	2	2.5	3.2	3.8
开槽盘头螺钉	d_K	max	3.2	4	5	5.6	8	9.5	12	16	20
		min	2.9	3.7	4.7	5.3	7.64	9.14	11.57	15.57	19.48
	d_{amax}		2.1	2.6	3.1	3.6	4.7	5.7	6.8	9.2	11.2
	K	max	1	1.3	1.5	1.8	2.4	3	3.6	4.8	6
		min	0.85	1.1	1.3	1.6	2.2	2.8	3.3	4.5	5.7
	r_{min}		0.1	0.1	0.1	0.1	0.2	0.2	0.25	0.4	0.4
	r_f 参考		0.5	0.6	0.8	0.9	1.2	1.5	1.8	2.4	3
	t_{min}		0.35	0.5	0.6	0.7	1	1.2	1.4	1.9	2.4
	w_{min}		0.3	0.4	0.5	0.7	1	1.2	1.4	1.9	2.4
	l 范围		2～16	2.5～20	3～25	4～30	5～40	6～50	8～60	10～80	12～80
开槽沉头螺钉	d_K	max	3	3.8	4.7	5.5	8.4	9.3	11.3	15.8	18.3
		min	2.7	3.5	4.4	5.2	8	8.9	10.9	15.4	17.8
	K_{max}		1	1.2	1.5	1.65	2.7	2.7	3.3	4.65	5
	r_{max}		0.4	0.5	0.6	0.8	1	1.3	1.5	2.	2.5
	t	min	0.32	0.4	0.5	0.6	1	1.1	1.2	1.8	2
		max	0.5	0.6	0.75	0.85	1.3	1.4	1.6	2.3	2.6
	l 范围		2.5～16	3～20	4～25	5～30	6～40	8～50	8～60	10～80	12～80
公称长度的系列			2, 2.5, 3, 4, 5, 6, 8, 10, 12, （14）, 16, 20～80（5 进位）								

注：1. 公称长度 l 中的 （14）、（55）、（65）、（75）等规格尽可能不采用。

　　2. 对开槽盘头螺钉，$d \leqslant$ M3、$l \leqslant 30$ mm 或 $d \geqslant$ M4、$l \leqslant 40$ mm 时，制出全螺纹 $b=l-a$；

　　　　对开槽沉头螺钉，$d \leqslant$ M3、$l \leqslant 30$ mm 或 $d \geqslant$ M4、$l \leqslant 45$ mm 时，制出全螺纹 $b=l-(K+a)$。

附表 3-4 内六角圆柱头螺钉（GB/T 70—2000） mm

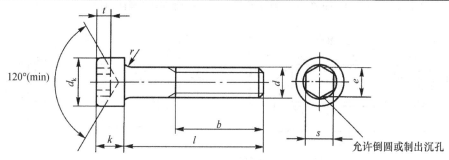

标记示例：

u（不完整螺纹的长度）≤2P、螺纹规格 d = 5、公称长度 l = 20 mm、性能等级为 8.8 级、表面氧化的内六角圆柱头螺钉的标记为

螺钉 GB/T 70—2000 M5 × 20

螺纹规格 d		M5	M6	M8	M10	M12	M（14）	M16	M20	M24	M30
螺距 P		0.8	1	1.25	1.5	0.75	2	2	2.5	3	3.5
b	参考	22	24	28	32	40	44	52	60	72	36
d_k	max*	8.5	10	13	16	21	24	30	36	45	18
	max**	8.72	10.22	13.27	16.27	21.33	24.33	30.33	36.39	45.39	18.27
	min	8.28	9.78	12.73	15.73	20.67	23.67	29.67	35.61	44.61	17.73
d_a	max	5.7	6.8	9.2	11.2	15.7	17.7	22.4	26.4	33.4	13.7
d_s	max	5	6	8	10	14	16	20	24	30	12
	min	4.82	5.82	7.78	9.78	13.73	15.73	19.67	23.67	29.67	11.73
e	min	4.58	5.72	6.86	9.15	13.72	16.00	19.44	21.73	25.13	11.43
K	max	5	6	8	10	14	16	20	24	30	12
	min	4.82	5.70	7.64	9.64	13.57	15.57	19.48	23.48	29.48	11.57
S 公称		4	5	6	8	12	14	17	19	22	10
t	min	2.5	3	4	5	7	8	10	12	15.5	6
r	min	0.2	0.25	0.4	0.4	0.6	0.6	0.8	0.8	1	0.6
w	min	1.9	2.3	3.3	4	5.8	6.8	8.6	10.4	13.1	4.8
l 范围		8～50	10～60	12～80	16～100	20～120	25～140	25～160	30～200	40～200	45～200
L 系列		6, 8, 10, 12,（14）,（16）, 20, 25～50（5 进位）,（55）, 60,（65）, 70～160（10 进位）, 180, 200									

注：1. 尽可能不采用括号内的规格；

2. *表示光滑头部、**表示滚花头部。

附表 3-5　紧定螺钉　　　　　　　　　　mm

开槽锥端紧定螺钉（GB/T 71—1985）　　　　开槽平端紧定螺钉（GB/T 73—1985）

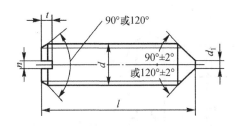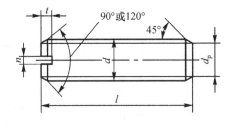

开槽长圆柱端紧定螺钉（GB/T 75—1985）

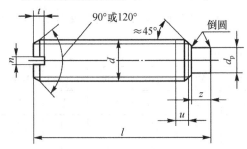

标记示例：

螺纹规格 d = M5、公称长度 l = 12 mm、性能等级为 14H 级、表面氧化的开槽锥端紧定螺钉（或开槽平端、开槽长圆柱端紧定螺钉）的标记分别为

螺钉 GB/T 71—1985　M5×12

螺钉 GB/T 73—1985　M5×12

螺钉 GB/T 75—1985　M5×12

螺纹规格 d		M3	M4	M5	M6	M8	M10	M12
螺距 p		0.5	0.7	0.8	1	1.25	1.5	1.75
$d_f \approx$		螺纹小径						
d_t	max	0.3	0.4	0.5	1.5	2	2.5	3
	min	—	—	—	—	—	—	—
d_p	max	2	2.5	3.5	4	5.5	7	8.5
	min	1.75	2.25	3.5	3.7	5.2	6.64	8.14
n	公称	0.4	0.6	0.8	1	1.2	1.6	2
t	max	1.05	1.42	1.63	2	2.5	3	3.6
	min	0.8	1.12	1.28	1.6	2	2.4	2.8
z	max	1.75	2.25	2.75	3.25	4.3	5.3	6.3
	min	1.5	2.25	2.75	3.25	4.3	5.3	6.3
不完整螺纹的长度 u		$\leqslant 2p$						
l 范围 （商品规格）	GB 71—1985	4～16	6～20	8～25	8～30	10～40	12～50	14～60
	GB 73—1985	3～16	4～20	5～25	6～30	8～40	10～50	12～60
	GB 75—1985	5～16	6～20	8～25	8～30	10～40	12～50	14～60
	短螺钉 GB 73—1985	3	4	5	6	—	—	—
	钉 GB 75—1985	5	6	8	8、10	10、12、14	12、14、16	14、16、20
公称长度 l 的系列		3，4，5，6，8，10，12，（14），16，20，25，30，35，40，45，50，（55），60						

注：1. 尽可能不采用括号内的规格；

　　2. 表图中，*公称长度在表中 l 范围内的短螺钉应制成120°；**90°、120°或45°仅适用于螺纹小径以内的末端部分。

附表 3-6　六角螺母 C 级、I 型六角螺母、六角薄螺母　　　　　　mm

六角螺母C级（GB/T 41—2000）

I 型六角螺母（GB/T 6170—2000）
六角薄螺母（GB/T 6172.1—2000）

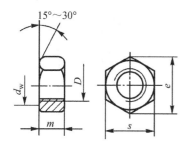

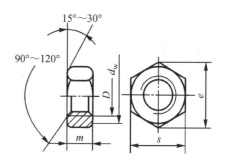

标记示例：

　　D = M12、性能等级为 10 级，不经表面处理，A 级的 I 型六角螺母的标记为

　　螺母 GB/T 6170—2000　M12

　　D = M12、性能等级为 04 级，不经表面处理，A 级的六角螺母的标记为

　　螺母 GB/T 6172—2000　M12

螺纹规格 D		M4	M5	M6	M8	M10	M12	(M14)	M16	M20	(M22)	M24	M30	M36
d_{wmin}	GB/T 41	—	6.7	8.7	11.5	14.5	16.5	19.2	22	27.7	31.4	33.3	42.7	51.1
	GB/T 6170	5.9	6.9	8.9	11.6	14.6	16.6	19.6	22.5	27.7	31.4	33.3	42.7	51.1
e_{min}	GB/T 41	7.5	8.6	10.9	14.2	17.6	19.9	22.8	26.2	33	37.3	39.6	50.9	60.8
	GB/T 6170	7.7	8.8	11	14.4	17.8	20	23.4	26.8	33	37.3	39.6	50.9	60.8
m_{max}	GB/T 41	—	5.6	6.4	7.9	9.5	12.2	13.9	15.9	19	20.2	22.3	26.4	31.9
	GB/T 6170	3.2	4.7	5.2	6.8	8.4	10.8	12.8	14.8	18	19.4	21.5	25.6	31
S公称		7	8	10	13	16	18	21	24	30	34	36	46	55

附表 3-7　小垫圈、平垫圈　　　　　　　　　　　　　　　mm

小垫圈（GB/T 848—2002）

平垫圈（GB/T 97.1—2002）

平垫圈—倒角型
（GB/T 97.2—2002）

平垫圈—C级
（GB/T 95—2002）

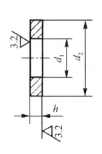
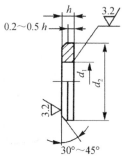
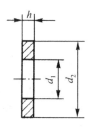

　　小系列（或标准系列）、公称尺寸 $d = 8$ mm、性能等级为 140HV 级、不经表面处理的小垫圈（或平垫圈、或倒角型平垫圈）的标记示例为

　　垫圈 GB/T 97.1—2002　8

公称尺寸（螺纹规格 d）		1.6	2	2.5	3	4	5	6	8	10	12	14	16	20	24	30	36
d_1	GB19848—1985	1.7	2.2	2.7	3.2	4.3	5.3	6.4	8.4	10.5	13	15	17	21	25	31	37
	GB1997.1—1985																
	GB1997.2—1985	—	—	—	—	—											
d_2	GB19848—1985	3.5	4.5	5	6	8	9	11	15	18	20	24	28	34	39	50	60
	GB1997.1—1985	4	5	6	7	9	10	12	16	20	24	28	30	37	44	56	66
	GB1997.2—1985	—	—	—	—	—											
h	GB19848—1985	0.3	0.3	0.5	0.5	0.5	1	1.6	1.6	1.6	2	2.5	2.5	3	4	4	5
	GB1997.1—1985					0.8				2	2.5		3				
	GB1997.2—1985	—	—	—	—												

附表 3-8　标准型弹簧垫圈（GB/T 93—1987））　　　　　　mm

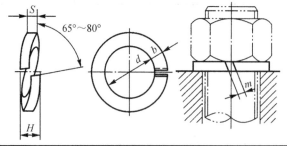

标记示例：

　　规格为 16 mm、材料为 65Mn、表面氧化的标准型弹簧垫圈的标记为

　　垫圈 GB/T 93—1987　16

螺纹大径		3	4	5	6	8	10	12	(14)	16	(18)	20	(22)	24	(27)	30	36
S（b）	公称	0.8	1.1	1.3	1.6	2.1	2.6	3.1	3.6	4.1	4.5	5.0	5.5	6.0	6.8	7.5	9
H	min	1.6	2.2	2.6	3.2	4.2	5.2	6.2	7.2	8.2	9	10	11	12	13.6	15	18
	max	2	2.75	3.25	4	5.25	6.5	7.75	9	10.25	11.25	12.5	13.75	15	17	18.75	22.5
m	$\leqslant$	0.4	0.55	0.65	0.8	1.05	1.3	1.55	1.8	2.05	2.25	2.5	2.75	3	3.4	3.75	4.5

注：尽可能不采用括号内的规格。

附录 3-3 键连接

附表 3-9 普通平键（GB/T 1095—2003、GB/T 1096—2003） mm

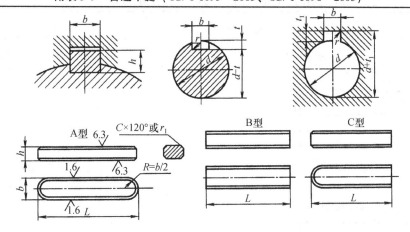

标记示例:

键 A16×100 GB 1096—2003 （圆头普通平键 A 型 $b = 16\,\text{mm}$，$h = 10\,\text{mm}$，$L = 100\,\text{mm}$）

键 B16×100 GB 1096—2003 （平头普通平键 B 型 $b = 16\,\text{mm}$，$h = 10\,\text{mm}$，$L = 100\,\text{mm}$）

键 C16×100 GB 1096—2003 （单头普通平键 C 型 $b = 16\,\text{mm}$，$h = 10\,\text{mm}$，$L = 100\,\text{mm}$）

轴	键	键 槽											
公称直径 d	公称尺寸 $b×h$	宽度 b						深 度				半径 r	
		公称尺寸 b	极限偏差					轴 t		毂 t_1			
			较松键连接		一般键连接		较紧连接	公称尺寸	极限偏差	公称尺寸	极限偏差	最小	最大
			轴 $H9$	毂 $D10$	轴 $N9$	毂 $Js9$	轴和毂 $P9$						
自6~8	2×2	2	+0.025 0	+0.060 −0.020	−0.004 −0.029	±0.0125	−0.006 −0.031	1.2	+0.1 0	1	+0.1 0	0.08	0.16
>8~10	3×3	3						1.8		1.4			
>10~12	4×4	4	+0.030 0	+0.078 +0.030	0 −0.030	±0.015	−0.012 −0.042	2.5		1.8		0.16	0.25
>12~17	5×5	5						3.0		2.3			
>17~22	6×6	6						3.5		2.8			
>22~30	8×7	8	+0.036 0	+0.098 +0.040	0 −0.036	±0.018	−0.015 −0.051	4.0		3.3			
>30~38	10×8	10						5.0		3.3			
>38~44	12×8	12	+0.043 0	+0.120 +0.050	0 −0.043	±0.0215	−0.018 −0.061	5.0	+0.2 0	3.3	+0.2 0	0.25	0.40
>44~50	14×9	14						5.5		3.8			
>50~58	16×10	16						6.0		4.3			
>58~65	18×11	18						7.0		4.4			
>65~75	20×12	20	+0.052 0	+0.149 +0.065	0 −0.052	±0.026	−0.022 −0.074	7.5		4.9		0.40	0.60
>75~85	22×14	22						9.0		5.4			
>85~95	25×14	25						9.0		5.4			
>95~110	28×16	28						10.0		6.4			
键的长度系列	6、8、10、12、14、16、18、20、22、25、28、32、36、40、45、50、56、63、70、80、90、100、110、125、140、160、180、200、250、280、320、360												

注: 1. 在工作图中, 轴槽深用 t 或 $(d-t)$ 标注, 轮毂槽深用 $(d+t_1)$ 标注;

2. $(d-t)$ 和 $(d+t_1)$ 两组合尺寸的极限偏差按相应的 t 和 t_1 极限偏差选取, 但 $(d-t)$ 偏差值应取负号 $(-)$;

3. 键尺寸的极限偏差 b 为 h9, h 为 h11, L 为 h14。

附录 3-4　销连接

附表 3-10　圆锥销（GB/T 117—2000）、圆柱销（GB/T 119—2000）　　　　　　mm

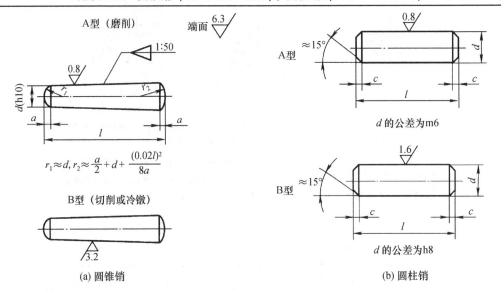

(a) 圆锥销　　　　　　　　　　　　　　　　　　(b) 圆柱销

标记示例：

公称直径 $d = 8$ mm、长度 $l = 30$ mm、材料为 35 钢、热处理硬度 HRC28～38、表面氧化处理的 A 型圆柱销和 A 型圆锥销的标记分别为

销 GB/T 119—2000　A8×30

销 GB/T 117—2000　A8×30

公称直径 d		3	4	5	6	8	10	12	16	20	25
圆柱销	$a\approx$	0.4	0.5	0.63	0.8	1.0	1.2	1.6	2.0	2.5	3.0
	$c\approx$	0.5	0.63	0.8	1.2	1.6	2.0	2.5	3.0	3.5	4.0
	l（公称）	8～30	8～40	10～50	12～60	14～80	18～95	22～140	26～180	35～200	50～200
圆锥销	d min	2.96	3.95	4.95	5.95	7.94	9.94	11.93	15.93	19.92	24.92
	d max	3	4	5	6	8	10	12	16	20	25
	$a\approx$	0.4	0.5	0.63	0.8	1.0	1.2	1.6	2.0	2.5	3.0
	l（公称）	12～45	14～55	18～60	22～90	22～120	26～160	32～180	40～200	45～200	50～200
L 的系列		12～32（2 进位），35～100（5 进位），100～200（20 进位）									

注：1. 圆锥销 d 的其他公差，如 a11、c11 和 f8，由供需双方协议。

　　2. 圆锥销材料硬度，钢为 125～245 HV30；奥氏体不锈钢为 210～280 HV30。

　　3. 圆柱销 d 的其他公差，如 h11、u8，由供需双方协议。

附录四 滚动轴承

附录 4-1 深沟球轴承

附表 4-1 深沟球轴承（摘自 GB/T 276—1994）

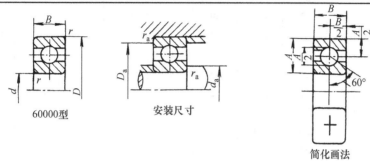

60000型　　　　安装尺寸　　　　简化画法

标记示例：

滚动轴承 6216　GB/T 276—1994

F_a/C_0	e	Y	当量动负载	当量静负载
0.014	0.19	2.30		
0.028	0.22	1.99		$\dfrac{F_a}{F_r} \leqslant 0.8,\ P_{0r} = F_r$
0.056	0.26	1.71	$\dfrac{F_a}{F_r} \leqslant e,\ P = F_r$	
0.084	0.28	1.55		
0.11	0.30	1.45		$\dfrac{F_a}{F_r} > 0.8,\ P_{0r} = 0.6F_r + 0.5F_a$
0.17	0.34	1.31	$\dfrac{F_a}{F_r} > e,\ P = 0.56F_r + YF_a$	
0.28	0.38	1.15		取上列两式计算结果的较大值
0.42	0.42	1.04		
0.56	0.44	1.00		

轴承型号	基本尺寸/mm				安装尺寸/mm			基本额定负载		极限转速/(r/min)	
	d	D	B	r_s min	d_a min	D_a max	r_{as} max	C_r	C_{0r}	脂润滑	油润滑
6204	20	47	14	1	26	41	1	9.88	6.18	14 000	18 000
6205	25	52	15	1	31	46	1	10.8	6.95	12 000	16 000
6206	30	62	16	1	36	56	1	15.0	10.0	9 500	13 000
6207	35	72	17	1.1	42	65	1	19.8	13.5	8 500	11 000
6208	40	80	18	1.1	47	73	1	22.8	15.8	8 000	10 000
6209	45	85	19	1.1	52	78	1	24.5	17.5	7 000	9 000
6210	50	90	20	1.1	57	83	1	27.0	19.8	6 700	8 500
6211	55	100	21	1.5	64	91	1.5	33.5	25.0	6 000	7 500
6212	60	110	22	1.5	69	101	1.5	36.8	27.8	5 600	7 000
6213	65	120	23	1.5	74	111	1.5	44.0	34.0	5 000	6 300
6214	70	125	24	1.5	79	116	1.5	46.8	37.5	4 800	6 000
6215	75	130	25	1.5	84	121	1.5	50.8	41.2	4 500	5 600
6216	80	140	26	2	90	130	2	55.0	44.8	4 300	5 300
6217	85	150	28	2	95	140	2	64.0	53.2	4 000	5 000
6218	90	160	30	2	100	150	2	73.8	60.5	3 800	4 800
6219	95	170	32	2.1	107	158	2.1	84.8	70.5	3 600	4 500
6220	100	180	34	2.1	112	168	2.1	94.0	79.0	3 400	4 300

续表

轴承型号	基本尺寸/mm				安装尺寸/mm			基本额定负载		极限转速/(r/min)	
	d	D	B	r_s min	d_a min	D_a max	r_{as} max	C_r	C_{0r}	脂润滑	油润滑
6 304	20	52	15	1.1	27	45	1	12.2	7.78	13 000	17 000
6 305	25	62	17	1.1	32	55	1	17.2	11.2	10 000	14 000
6 306	30	72	19	1.1	37	65	1	20.8	14.2	9 000	12 000
6 307	35	80	21	1.5	44	71	1.5	25.8	17.8	8 000	10 000
6 308	40	90	23	1.5	49	81	1.5	31.2	22.2	7 000	9 000
6 309	45	100	25	1.5	54	91	1.5	40.8	29.8	6 300	8 000
6 310	50	110	27	2	60	100	2	47.5	35.6	6 000	7 500
6 311	55	120	29	2	65	110	2	55.2	41.8	5 600	6 700
6 312	60	130	31	2.1	72	118	2.1	62.8	48.5	5 300	6 300
6 313	65	140	33	2.1	77	128	2.1	72.2	56.5	4 500	5 600
6 314	70	150	35	2.1	82	138	2.1	80.2	63.2	4 300	5 300
6 315	75	160	37	2.1	87	148	2.1	87.2	71.5	4 000	5 000
6 316	80	170	39	2.1	92	158	2.1	94.5	80.0	3 800	4 800
6 317	85	180	41	3	99	166	2.5	102	89.2	3 600	4 500
6 318	90	190	43	3	104	176	2.5	112	100	3 400	4 300
6 319	95	200	45	3	109	186	2.5	122	112	3 200	4 000
6 320	100	215	47	3	114	201	2.5	132	132	2 800	3 600
6 404	20	72	19	1.1	27	65	1	23.8	16.8	9 500	13 000
6 405	25	80	21	1.5	34	71	1.5	29.5	21.2	8 500	11 000
6 406	30	90	23	1.5	39	81	1.5	36.5	26.8	8 000	10 000
6 407	35	100	25	1.5	44	91	1.5	43.8	32.5	6 700	8 500
6 408	40	110	27	2	50	100	2	50.2	37.8	630	8 000
6 409	45	120	29	2	55	110	2	59.2	45.5	5 600	7 000
6 410	50	130	31	2.1	62	118	2.1	71.0	55.2	5 200	6 500
6 411	55	140	33	2.1	67	128	2.1	77.5	62.5	4 800	6 000
6 412	60	150	35	2.1	72	138	2.1	83.8	70.0	4 500	5 600
6 413	65	160	37	2.1	77	148	2.1	90.8	78.0	4 300	5 300
6 414	70	180	42	3	84	166	2.5	108	99.2	3 800	4 800
6 415	75	190	45	3	89	176	2.5	118	115	3 600	4 500
6 416	80	200	48	3	94	186	2.5	125	125	3 400	4 300
6 417	85	210	52	4	103	192	3	135	138	3 200	4 000
6 418	90	225	54	4	108	207	3	148	188	2 800	3 600
6 420	100	250	58	4	118	232	3	172	195	2 400	3 200

附录 4-2　角接触球轴承

附表 4-2　角接触球轴承（摘自 GB/T 292—1994）

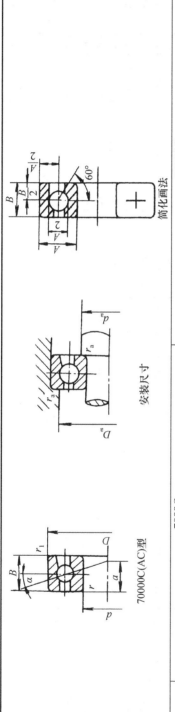

70000C(AC)型　　　安装尺寸　　　简化画法

当量动负载：
$F_a/F_r \leqslant e$，$P = F_r$；$F_a/F_r > e$，$P_r = 0.44F_r + YF_a$（7000C）
$F_a/F_r \leqslant 0.68$，$P = F_r$；$F_a/F_r > 0.68$，$P_r = 0.41F_r + 0.87F_a$（7000AC）

当量静负载：
$F_{0r} = 0.5F_r + 0.46F_a \geqslant F_r$
$P_{0r} = 0.5F_r + 0.46F_a \geqslant F_r$

轴承型号		基本尺寸/mm			其他尺寸/mm				安装尺寸/mm			基本额定动载荷 C_r/kN		基本额定静载荷 C_{0r}/kN		极限转速/(r/min)	
					a												
7000C	7000AC	d	D	B	7000C	7000AC	r_s	r_{1s}	d_a	D_a	r_{as}	7000C	7000AC	7000C	7000AC	脂润滑	油润滑
7204C	7204AC	20	47	14	11.5	14.9	1	0.3	26	41	1	11.2	10.8	7.46	7.00	13 000	18 000
7205C	7205AC	25	52	15	12.7	16.4	1	0.3	31	46	1	12.8	12.2	8.95	8.38	11 000	16 000
7206C	7206AC	30	62	16	14.2	18.7	1	0.3	36	56	1	17.8	16.8	12.8	12.2	9 000	13 000
7207C	7207AC	35	72	17	15.7	21	1.1	0.6	42	65	1	23.5	22.5	17.5	16.5	8 000	11 000
7208C	7208AC	40	80	18	17	23	1.1	0.6	47	73	1	26.8	25.8	20.5	19.2	7 500	10 000
7209C	7209AC	45	85	19	18.2	24.7	1.1	0.6	52	78	1	29.8	28.2	23.8	22.5	6 700	9 000
7210C	7210AC	50	90	20	19.4	26.3	1.1	0.6	57	83	1	32.8	31.5	26.8	25.2	6 300	8 500
7211C	7211AC	55	100	21	20.9	28.6	1.5	0.6	64	91	1.5	40.8	38.8	33.8	31.8	5 600	7 500
7212C	7212AC	60	110	22	22.4	30.8	1.5	0.6	69	101	1.5	44.8	42.8	37.8	35.5	5 300	7 000
7213C	7213AC	65	120	23	24.2	33.5	1.5	0.6	74	111	1.5	53.8	51.2	46.0	43.2	4 800	6 300
7214C	7214AC	70	125	24	25.3	35.1	1.5	0.6	79	116	1.5	56	53.2	49.2	46.2	4 500	6 000

续表

轴承型号	基本尺寸/mm			其他尺寸/mm				安装尺寸/mm			基本额定动载荷 C_r/kN		基本额定静载荷 C_{0r}/kN		极限转速/(r/min)	
	d	D	B	a 7000C	a 7000AC	r_s	r_{1s}	d_a	D_a	r_{as}	7000C	7000AC	7000C	7000AC	脂润滑	油润滑
7215C	75	130	25	26.4	36.6	1.5	0.6	84	121	1.5	60.8	57.8	54.2	50.8	4300	5600
7216C	80	140	26	27.7	38.9	2	1	90	130	2	68.8	65.5	63.2	59.2	4000	5300
7217C	85	150	28	29.9	41.6	2	1	95	140	2	76.8	72.8	69.8	65.5	3800	5000
7218C	90	160	30	31.7	44.2	2	1	100	150	2	94.2	89.8	87.8	82.2	3600	4800
7219C	95	170	32	33.8	46.9	2.1	1.1	107	158	2.1	102	98.8	95.5	89.2	3400	4500
7220C	100	180	34	35.8	49.7	2.1	1.1	112	168	2.1	114	108	115	100	3200	4300
7304C	20	52	15	11.3	16.8	1.1	0.6	27	45	1	14.2	13.8	9.68	9.10	12000	17000
7305C	25	62	17	13.1	19.1	1.1	0.6	32	55	1	21.5	20.8	15.8	14.8	9500	14000
7306C	30	72	19	15	22.2	1.1	0.6	37	65	26.2	25.2	19.8	18.5	8	500	12000
7307C	35	80	21	16.6	24.5	1.5	0.6	44	71	1.5	34.2	32.8	26.8	24.8	7500	10000
7308C	40	90	23	18.5	27.5	1.5	0.6	49	81	1.5	40.2	38.5	32.3	30.5	6700	9000
7309C	45	100	25	20.2	30.2	1.5	0.6	54	91	1.5	49.2	47.5	39.8	37.2	6000	8000
7310C	50	110	27	22	33	2	1	60	100	2	58.5	55.5	47.2	44.5	5600	7500
7311C	55	120	29	23.8	35.8	2	1	65	110	2	70.5	67.2	60.5	56.8	5000	6700
7312C	60	130	31	25.6	38.7	2.1	1.1	72	118	2.1	80.5	77.8	70.2	65.8	4800	6300
7313C	65	140	33	27.4	41.5	2.1	1.1	77	128	2.1	91.5	89.8	80.5	75.5	4300	5600
7314C	70	150	35	29.2	44.3	2.1	1.1	82	138	2.1	102	98.5	91.5	86.0	4000	5300
7315C	75	160	37	31	47.2	2.1	1.1	87	148	2.1	112	108	105	97.0	3800	5000
7316C	80	170	39	32.8	50	2.1	1.1	92	158	2.1	122	118	118	108	3600	4800
7317C	85	180	41	34.6	52.8	3	1.1	99	166	2.5	132	125	128	122	3400	4500
7318C	90	190	43	36.4	55.6	3	1.1	104	176	2.5	142	135	142	135	3200	4300
7319C	95	200	45	38.2	58.5	3	1.1	109	186	2.5	152	145	158	148	3000	4000
7320C	100	215	47	40.2	61.9	3	1.1	114	201	2.5	162	165	175	178	2600	3600
7406AC	30	90	23		26.1	1.5	0.6	39	81	1		42.5		32.2	7500	10000
7407AC	35	100	25		29	1.5	0.6	44	91	1.5		53.8		42.5	6300	8500
7408AC	40	110	27		31.8	2	1	50	100	2		62.0		49.5	6000	8000
7409AC	45	120	29		34.6	2	1	55	110	2		66.8		52.8	5300	7000
7410AC	50	130	31		37.4	2.1	1.1	62	118	2.1		76.5		64.2	5000	6700
7412AC	60	150	35		43.1	2.1	1.1	72	138	2.1		102		90.8	4300	5600
7414AC	70	180	42		51.5	3	1.1	84	166	2.5		125		125	3600	4800
7416AC	80	200	48		58.1	3	1.1	94	186	2.5		152		162	3200	4300

附录 4-3 圆锥滚子轴承

附表 4-3 圆锥滚子轴承（摘自 GB/T 297—1994）

当量动载荷：
$$\frac{F_a}{F_r} \leq e,\ P = F_r;$$
$$\frac{F_a}{F_r} > e,\ P = 0.4F_r + YF_a;$$

当量静载荷：
$$\frac{F_a}{F_r} \leq e,\ P = F_r;$$
$$\frac{F_a}{F_r} > e,\ P = 0.4F_r + YF_a;$$

标记示例：滚动轴承 30308 GB/T 297—1994

30000型

简化画法

安装尺寸

轴承型号	基本尺寸/mm					其他尺寸/mm			安装尺寸/mm								e	Y	Y_0	基本额定载荷/kN		极限转速/(r/min)	
	d	D	T	B	C	r_s	r_{1s}	$a\approx$	d_a	d_b	D_a	D_b	a_1	a_2	r_{as}	r_{bs}				动载荷 C_r	静载荷 C_{0r}	脂润滑	油润滑
30203	17	40	13.25	12	11	1	1	9.8	23	23	34	37	2	2.5	1	1	0.35	1.7	1	19.8	13.2	9 000	12 000
30204	20	47	15.25	14	12	1	1	11.2	26	27	41	43	2	3.5	1	1	0.35	1.7	1	26.8	18.2	8 000	10 000
30205	25	52	16.25	15	13	1	1	12.6	31	31	46	48	2	3.5	1	1	0.37	1.6	0.9	32.2	23	7 000	9 000
30206	30	62	17.25	16	14	1	1	13.8	36	37	56	58	2	3.5	1	1	0.37	1.6	0.9	41.2	29.5	6 000	7 500
30207	35	72	18.25	17	15	1.5	1.5	15.3	42	44	65	67	3	3.5	1.5	1.5	0.37	1.6	0.9	51.5	37.2	5 300	6 700
30208	40	80	19.75	18	16	1.5	1.5	16.9	47	49	73	75	3	4	1.5	1.5	0.37	1.6	0.9	59.8	42.8	5 000	6 300
30209	45	85	20.75	19	16	1.5	1.5	18.6	52	53	78	80	3	5	1.5	1.5	0.4	1.5	0.8	64.2	47.8	4 500	5 600
30210	50	90	21.75	20	17	1.5	1.5	20	57	58	83	86	3	5	1.5	1.5	0.42	1.4	0.8	72.2	55.2	4 300	5 300
30211	55	100	22.75	21	18	2	1.5	21	64	64	91	95	4	5	2	1.5	0.4	1.5	0.8	86.5	65.5	3 800	4 800
30212	60	110	23.75	22	19	2	1.5	22.4	69	69	101	103	4	5	2	1.5	0.4	1.5	0.8	97.8	74.5	3 600	4 500
30213	65	120	24.25	23	20	2	1.5	24	74	77	111	114	4	5	2	1.5	0.4	1.5	0.8	112	86.2	3 200	4 000
30214	70	125	26.25	24	21	2	1.5	25.9	79	81	116	119	4	5.5	2	1.5	0.42	1.4	0.8	125	97.5	3 000	3 800
30215	75	130	27.25	25	22	2	1.5	27.4	84	85	121	125	4	5.5	2	1.5	0.44	1.4	0.8	130	105	2 800	3 600

续表

轴承型号	基本尺寸/mm					其他尺寸/mm			安装尺寸/mm								e	Y	Y_0	基本额定载荷/kN		极限转速/(r/min)	
	d	D	T	B	C	a≈	r_s	r_{1s}	d_a	d_b	D_a	D_b	a_1	a_2	r_{as}	r_{bs}				动载荷 C_r	静载荷 C_{0r}	脂润滑	油润滑
30216	80	140	28.25	26	22	28	2.5	2	90	90	130	133	4	6	2.1	2	0.42	1.4	0.8	150.8	120	2 600	3 400
30217	85	150	30.5	28	24	29.9	2.5	2	95	96	140	142	5	6.5	2.1	2	0.42	1.4	0.8	168	135	2 400	3 200
30218	90	160	32.5	30	26	32.4	2.5	2	100	102	150	151	5	6.5	2.1	2	0.42	1.4	0.8	188	152	2 200	3 000
30219	95	170	34.5	32	27	35.1	3	2.5	107	108	158	160	5	7.5	2.5	2.1	0.42	1.4	0.8	215	175	2 000	2 800
30220	100	180	37	34	29	36.5	3	2.5	112	114	168	169	5	8	2.5	2.1	0.42	1.4	0.8	240	198	1 900	2 600
30303	17	47	15.25	14	12	10	1	1	23	25	41	43	3	3.5	1	1	0.29	2.1	1.2	26.8	17.2	8 500	11 000
30304	20	52	16.25	15	13	11	1.5	1.5	27	28	45	48	3	3.5	1.5	1.5	0.3	2	1.1	31.5	20.8	7 500	9 500
30305	25	62	18.25	17	15	13	1.5	1.5	32	34	55	58	3	3.5	1.5	1.5	0.3	2	1.1	44.8	30	6 300	8 000
30306	30	72	20.75	19	16	15	1.5	1.5	37	40	65	66	3	5	1.5	1.5	0.31	1.9	1	55.8	38.5	5 600	7 000
30307	35	80	22.75	21	18	17	2	1.5	44	45	71	74	3	5	2	1.5	0.31	1.9	1	71.2	50.2	5 000	6 300
30308	40	90	25.25	23	20	19.5	2	1.5	49	52	81	84	3	5.5	2	1.5	0.35	1.7	1	86.2	63.8	4 500	5 600
30309	45	100	27.25	25	22	21.5	2	1.5	54	59	91	94	3	5.5	2	1.5	0.35	1.7	1	102	76.2	4 000	5 000
30310	50	110	29.25	27	23	23	2.5	2	60	65	100	103	4	6.5	2.1	2	0.35	1.7	1	122	92.5	3 800	4 800
30311	55	120	31.5	29	25	25	2.5	2	65	70	110	112	4	6.5	2.1	2	0.35	1.7	1	145	112	3 400	4 300
30312	60	130	33.5	31	26	26.5	3	2.5	72	76	118	121	5	7.5	2.5	2.1	0.35	1.7	1	162	125	3 200	4 000
30313	65	140	36	33	28	29	3	2.5	77	83	128	131	5	8	2.5	2.1	0.35	1.7	1	185	142	2 800	3 600
30314	70	150	38	35	30	30.6	3	2.5	82	89	138	141	5	8	2.5	2.1	0.35	1.7	1	208	162	2 600	3 400
30315	75	160	40	37	31	32	3	2.5	87	95	148	150	5	9	2.5	2.1	0.35	1.7	1	238	188	2 400	3 200
30316	80	170	42.5	39	33	34	3	2.5	92	102	158	160	5	9.5	3	2.5	0.35	1.7	1	262	208	2 200	3 000
30317	85	180	44.5	41	34	36	4	3	99	107	166	168	6	10.5	3	2.5	0.35	1.7	1	288	228	2 000	2 800
30318	90	190	46.5	43	36	37.5	4	3	104	113	176	178	6	10.5	3	2.5	0.35	1.7	1	322	260	1 900	2 600
30319	95	200	49.5	45	38	40	4	3	109	118	186	185	6	11.5	3	2.5	0.35	1.7	1	348	282	1 800	2 400
30320	100	215	51.5	47	39	42	4	3	114	127	201	199	6	12.5	3	2.5	0.35	1.7	1	382	310	1 600	2 000
32206	30	62	21.25	20	17	15.4	1	1	36	36	56	58	3	4.5	1	1	0.37	1.6	0.9	49.2	37.2	6 000	7 500
32207	35	72	24.25	23	19	17.6	1.5	1.5	42	42	65	68	3	5.5	1.5	1.5	0.37	1.6	0.9	67.5	52.5	5 300	6 700
32208	40	80	24.75	23	19	19	1.5	1.5	47	48	73	75	3	6	1.5	1.5	0.37	1.6	0.9	74.2	56.8	5 000	6 300
32209	45	85	24.75	23	19	20	1.5	1.5	52	53	78	81	3	6	1.5	1.5	0.4	1.5	0.8	79.5	62.8	4 500	5 600

续表

轴承型号	基本尺寸/mm					其他尺寸/mm			安装尺寸/mm								e	Y	Y_0	基本额定载荷/kN		极限转速/(r/min)	
	d	D	T	B	C	$a\approx$	r_s	r_{1s}	d_a	d_b	D_a	D_b	a_1	a_2	r_{as}	r_{bs}				动载荷 C_r	静载荷 C_{0r}	脂润滑	油润滑
32210	50	90	24.75	23	19	21	1.5	1.5	57	57	83	86	3	6	1.5	1.5	0.42	1.4	0.8	84.8	68	4300	5300
32211	55	100	26.75	25	21	22.5	2	1.5	64	62	91	96	4	6	2	1.5	0.4	1.5	0.8	102	81.5	3800	4800
32212	60	110	29.75	28	24	24.9	2	1.5	69	68	101	105	4	6	2	1.5	0.4	1.5	0.8	125	102	3600	4500
32213	65	120	32.75	31	27	27.2	2	1.5	74	75	111	115	4	6	2	1.5	0.4	1.5	0.8	152	125	3200	4000
32214	70	125	33.25	31	27	27.9	2	1.5	79	79	116	120	4	6.5	2	1.5	0.42	1.4	0.8	158	135	3000	3800
32215	75	130	33.25	31	27	30.2	2	1.5	84	84	121	126	4	6.5	2	1.5	0.44	1.4	0.8	160	1.35	2800	3600
32216	80	140	35.25	33	28	31.3	2.5	2	90	89	130	135	5	7.5	2.1	2	0.42	1.4	0.8	188	158	2600	3400
32217	85	150	38.5	36	30	34	2.6	2	95	95	140	143	5	8.5	2.1	2	0.42	1.4	0.8	215	185	2400	3200
32218	90	160	42.5	40	34	36.7	2.5	2	100	101	150	153	5	8.5	2.1	2	0.42	1.4	0.8	258	225	2200	3000
32219	95	170	45.5	43	37	39	3	2.5	107	106	158	163	5	8.5	2.5	2.1	0.42	1.4	0.8	285	255	2000	2800
32220	100	180	49	46	39	41.8	3	2.5	112	113	168	172	5	10	2.5	2.1	0.42	1.4	0.8	322	292	1900	2600
32303	17	47	20.25	19	16	12	1	1	23	24	41	43	3	4.5	1	1	0.29	2.1	1.2	33.5	23	8500	11000
32304	20	52	22.25	21	18	13.4	1.5	1.5	27	26	45	48	3	4.5	1.5	1.5	0.3	2	1.1	40.8	28.8	7500	9500
32305	25	62	25.25	24	20	15.5	1.5	1.5	32	32	55	58	3	5.5	1.5	1.5	0.3	2	1.1	58.5	42.5	6300	8000
32306	30	72	28.75	27	23	18.8	1.5	1.5	37	38	65	66	4	6	1.5	1.5	0.31	1.9	1	77.5	58.8	5600	7000
32307	35	80	32.75	31	25	20.5	2	2	44	43	71	74	4	8	2	1.5	0.31	1.9	1	93.8	72.2	5000	6300
32308	40	90	35.25	33	27	23.4	2	2	49	49	81	83	4	8.5	2	1.5	0.35	1.7	1	110	87.8	4500	5600
32309	45	100	38.25	36	30	25.6	2	2	54	56	91	93	4	8.5	2	1.5	0.35	1.7	1	138	111.8	4000	5000
32310	50	110	42.25	40	33	28	2.5	2	60	61	100	102	5	9.5	2.1	2	0.35	1.7	1	168	140	3800	4800
32311	55	120	45.5	43	35	30.6	2.5	2	65	66	110	111	5	10.5	2.1	2	0.35	1.7	1	192	162	3400	4300
32312	60	130	48.5	46	37	32	3	2.5	72	72	118	122	6	11.5	2.5	2.1	0.35	1.7	1	215	180	3200	4000
32313	65	140	51	48	39	34	3	2.5	77	79	128	131	6	12	2.5	2.1	0.35	1.7	1	245	208	2800	3600
32314	70	150	54	51	42	36.5	3	2.5	82	84	138	141	6	12	2.5	2.1	0.35	1.7	1	285	242	2600	3400
32315	75	160	58	55	45	39	3	2.5	87	91	148	150	7	13	2.5	2.1	0.35	1.7	1	328	288	2400	3200
32316	80	170	61.5	58	48	42	3	2.5	92	97	158	160	7	13.5	3	2.5	0.35	1.7	1	365	322	2200	3000
32317	85	180	63.5	60	49	43.6	4	3	99	102	166	168	8	14.5	3	2.5	0.35	1.7	1	398	352	2000	2800
32318	90	190	67.5	64	53	46	4	3	104	107	176	178	8	14.5	3	2.5	0.35	1.7	1	452	405	1900	2600
32319	95	200	71.5	67	55	49	4	3	109	114	186	187	8	16.5	3	2.5	0.35	1.7	1	488	438	1800	2400
32320	100	215	77.5	73	60	53	4	3	114	122	201	201	8	17.5	3	2.5	0.35	1.7	1	568	515	1600	2000

附录五 联　轴　器

附录 5-1　联轴器轴孔形式与尺寸

附表 5-1　轴孔和键槽的形式、代号及系列尺寸（摘自 GB/T 3852—2008）

	长圆柱形轴孔（Y 型）	有沉孔的短圆柱形轴孔（J 型）	无沉孔的短圆柱形轴孔（J_1 型）	有沉孔的圆锥形轴孔（Z 型）
轴孔				
键槽		A 型　　B 型		C 型

尺寸系列　/mm

直径	轴孔长度			沉孔		C 型键槽			直径	轴孔长度			沉孔		C 型键槽		
	L						t_2			L						t_2	
d、d_z	Y 型	J、J_1、Z 型	L_1	d_1	R	b	公称尺寸	极限偏差	d、d_z	Y 型	J、J_1、Z 型	L_1	d_1	R	b	公称尺寸	极限偏差
16						3	8.7		55	112	84	112	95		14	29.2	
18	42	30	42			3	10.1		56							29.7	
19						4	10.6		60							31.7	
20				38		4	10.9		63				105		16	32.2	
22	52	38	52		1.5		11.9		65	142	107	142		2.5		34.2	
24							13.4	±0.1	70							36.8	
25	62	44	62	48		5	13.7		71				120		18	37.3	
28							15.2		75							39.3	
30							15.8		80				140		20	41.6	±0.2
32	82	60	82	55			17.3		85	172	132	172				44.1	
35						6	18.3		90				160		22	47.1	
38							20.3		95					3		49.6	
40				65	2	10	21.2		100				180		25	51.3	
42							22.2		110	212	167	212				56.3	
45	112	84	112				23.7	±0.2	120				210			62.3	
48				80		12	25.2		125					4	28	64.8	
50				95			26.2		130	252	202	252	235			66.4	

注：1. 轴孔与轴伸出端的配合，当 $d = 20\sim30$ mm 时，配合为 H7/j6；当 $d > 30\sim50$ mm 时，配合为 H7/k6；当 $d > 50$ mm 时，配合为 H7/m6；根据使用要求也可选用 H7/r6 或 H7/n6 的配合。

2. 圆锥形轴孔 d_2 的极限偏差为 JS10（圆锥角度及圆锥形状公差不得超过直径公差范围）。

3. 键槽宽度 b 的极限偏差为 P9（或 JS9、D10）。

附录 5-2　常用联轴器的标准

附表 5-2　凸缘联轴器（摘自 GB/T 5843—2003）

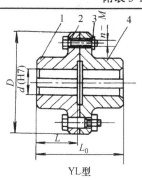

YL 型

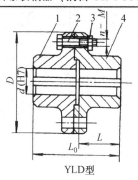

YLD 型

标记示例：YL5 联轴器 $\dfrac{J30 \times 60}{J1B28 \times 44}$ GB/T 5843—1986，表示：

主动端：J 型轴孔，A 型键槽，$d = 30$ mm，$L_1 = 60$ mm

从动端：J1 型轴孔，B 型键槽，$d = 28$ mm，$L_1 = 44$ mm

1、4 ——半联轴器；

2 ——螺栓；

3 ——尼龙锁紧螺帽

型号	公称转矩 T_n /N·m	许用转速 n /（r/min）		轴孔直径* d/mm	轴孔长度 L/mm		D	D_1	螺栓		L_0/mm		质量 m/kg	转动惯量 /kg·m²
		铁	钢		Y 型	J、J1 型			数量**	直径 /mm	Y 型	J、J1 型		
YL5 YLD₅	63	5 500	9 000	22，24	52	38	105	85	4 (4)	M8	108	80	3.19	0.013
				25，28	62	44					128	92		
				30，（32）	82	60					168	124		
YL6 YLD6	100	5 200	8 000	24	52	38	110	90	4 (4)	M8	108	80	3.99	0.017
				25，28	62	44					128	92		
				30，32，（35）	82	60					168	124		
YL7 YLD7	160	4 800	7 600	28	62	44	120	95	4 (3)	M10	128	92	5.66	0.029
				30，32，35，38	82	60					168	124		
				（40）	112	82					228	172		
YL8 YLD8	250	4 300	7 000	32，35，38	82	60	130	105	4 (3)	M10	169	125	7.29	0.043
				40，42，（45）	112	84					229	173		
YL9 YLD9	400	4 100	6 800	38	82	60	140	115	6 (3)	M10	169	125	9.53	0.064
				40，42，45，48，（50）	112	84					229	173		
YL10 YLD10	630	3 600	6 000	45，48，50，55，（56）	112	84	160	130	6 (4)	M12	229	173	12.46	0.112
				（60）	142	107					289	219		
YL11 YLD11	1 000	3 200	5 300	50，55，56	112	84	180	150	8 (4)	M12	229	173	17.97	0.205
				60，63，65，（70）							289	219		
YL12 YLD12	1 600	2 900	4 700	60，63，65，70，71，75	142	107	200	170	12 (6)	M12	289	219	30.62	0.443
				（80）	172	132					349	269	29.52	0.463
YL13 YLD13	2 500	2 600	4 300	70，71，75	142	107	220	185	8 (6)	M16	289	219	35.58	0.646
				80，85，（90）	172	132					349	269		

注：1. "*" 栏内带（ ）的轴孔直径仅适用于钢制联轴器；

　　2. "**" 栏内带（ ）的值为铰制孔用螺栓数量；

　　3. 联轴器质量和转动惯量是按材料为铸铁（括弧内为铸钢），最小轴孔、最大轴伸长度的近似计算值。

附表 5-3　弹性套柱销联轴器（摘自 GB/T 4323—2002）

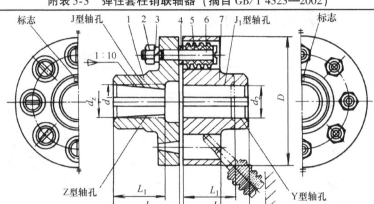

标记示例：TL3 联轴器 $\dfrac{JC16\times30}{JB18\times42}$，GB/T 4323—2002，表示为

主动端：Z 型轴孔，C 型键槽，$d_z = 16$ mm，$L = 30$ mm

从动端：J 型轴孔，B 型键槽，$d_2 = 18$ mm，$L = 42$ mm

1、7 ——半联轴器；　4——挡圈；

2 ——螺母；　5——弹性套

3 ——弹簧垫圈；　6——柱销

型号	公称转矩 /N·m	许用转速 n/(r/min) 铁	钢	轴孔直径* d_1、d_2、d_z /mm	Y型 L	J、J1、Z型 L1	Z型 L	D /mm	A /mm	b /mm	质量 m/kg	转动惯量 /kg·m²	径向 Δy	角向 Δα
TL1	6.3	6 600	8 800	9	20	14	—	71	18	16	1.16	0.000 4		
				10, 11	25	17	—							
				12, (14)	32	20							0.2	
TL2	16	5 500	7 600	12, 14	32	20	42	80			1.64	0.001		
				16, (18), (19)	42	30	42							1°30′
TL3	31.5	4 700	6 300	16, 18, 19	42	30	42	95	35	23	1.9	0.002		
				20, (22)	52	38	52							
TL4	63	4 200	5 700	20, 22, 24	52	38	52	106			2.3	0.004		
				(25), (28)	62	44	62							
TL5	125	3 600	4 600	25, 28	62	44	62	130			8.36	0.011		
				30, 32, (35)	82	60	82		45	38				
TL6	250	3 300	3 800	32, 35, 38	82	60	82	160			10.36	0.026	0.3	
				40, (42)										
TL7	500	2 800	3 600	40, 42, 45, (48)	112	84	112	190			15.6	0.06		
TL8	710	2 400	3 000	45, 48, 50, 55, (56)	112	84	112	224			25.4	0.13		
				(60), (63)	142	107	142		65	48				1°
TL9	1 000	2 100	2 850	50, 55, 56	112	84	112	250			30.9	0.20	0.4	
				60, 63, (65), (70), (71)	142	107	142							
TL10	2 000	1 700	2 300	63, 65, 70, 71, 75	142	107	142	315	80	58	65.9	0.64		
				80, 85, (90), (95)	172	132	172							
TL11	4 000	1 350	1 800	80, 85, 90, 95	172	132	172	400	100	73	122.6	2.06		
				100, (110)	212	167	212						0.5	
TL12	8 000	1 100	1 450	100, 110, 120, 125	212	167	212	475	130	90	218.4	5.00		
				(130)	252	202	252							0°30′
TL13	16 000	800	1 150	120, 125	212	167	212	600	180	110	425.8	16.00		
				130, 140, 150	252	202	252						0.6	
				160, (170)	302	242	302							

注：1.“*”栏内带（ ）的值仅适用于钢制联轴器；

　　2. 轴孔形式及长度 L、L₁ 可根据需要选取。

附表 5-4　弹性柱销轴轴器（GB/T 5014—2003）

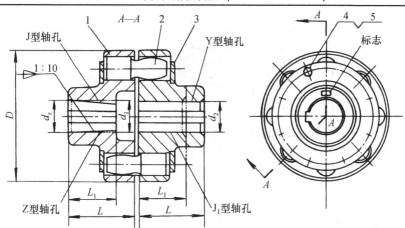

标记示例：HL7 联轴器 $\dfrac{AC75 \times 107}{JB70 \times 107}$，GB/T5014—2003

主动端：Z 型轴孔，C 型键槽，$d_z = 75$ mm，$L_1 = 107$ mm

从动端：J 型轴孔，B 型键槽，$d_z = 70$ mm，$L_1 = 107$ mm

1——半联轴器；
2——柱销；
3——挡板；
4——螺栓；
5——垫圈

型号	公称转矩 /N·m	许用转速 n/(r/min) 铁	许用转速 n/(r/min) 钢	轴孔直径* d_1、d_2、d_z /mm	轴孔长度/mm Y型 L	轴孔长度/mm J、J1 型 L_1	轴孔长度/mm Z型 L	D /mm	质量 m/kg	转动惯量 /kg·m²	许用补偿量 径向 Δy	许用补偿量 轴向 Δx	许用补偿量 角向 Δα
HL1	160	7 100	7 100	12, 14	32	27	32						
				16, 18, 19	42	30	42	90	2	0.006 4		± 0.5	
				20, 22, (24)	52	38	52						
HL2	315	5 600	5 600	20, 22, 24									
				25, 28	62	44	62	120	5	0.253	0.15	±1	
				30, 32, (35)	82	60	82						
HL3	630	5 000	5 000	30, 32, 35, 38				160	8	0.6			
				40, 42, (45), (48)	112	84	112						
HL4	1 250	2 800	4 000	40, 42, 45, 48, 50, 55, 56				195	22	3.4		±1.5	≤0°30′
				(60), (63)									
HL5	2 000	2 500	3 550	50, 55, 56, 60, 63, 65	142	107	142	220	30	5.4			
				70, (71), (75)									
HL6	3 150	2 100	2 800	60, 63, 65, 70, 71, 75, 80				280	53	15.6			
				(85)	172	132	172						
HL7	6 300	1 700	2 240	70, 71, 75	142	107	172	320	98	41.1	0.20	±2	
				80, 85, 90, 95	172	132	172						
				100, (110)	212	167	212						
HL8	10 000	1 600	2 120	80, 85, 90, 95, 100				360	119	56.5			
				110, (120), (125)	212	167	212				0.20	±2	
HL9	16 000	1 250	1 800	100, 110, 120, 125				410	197	133.3			
				130, (140)	252	202	252						
HL10	25 000	1 120	1 560	110, 120, 125	212	167	212	480	322	273.2	0.25	±2.5	
				130, 140, 150	252	202	252						
				160, (170), (180)	302	242	302						

注：1. 该联轴器最大型号为 HL14，详见 GB/T 5014—2003；

　　2. "*"栏内带（ ）的值仅适用于钢制联轴器；

　　3. 轴孔形式及长度 L、L_1，可根据需要选取。

附表 5-5　十字滑块联轴器　　　　　mm

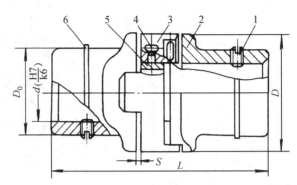

联轴器装配位置偏差

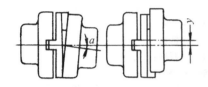

序　号	名　称	数　量	材　料
1	平端紧定螺钉 GB73—85	2	35
2	半联轴器	2	ZG310—570
3	圆盘	1	45
4	压配式注油杯 GB1155—79	2	
5	套筒	1	Q255
6	锁圈	2	弹簧钢丝

d	许用转矩/N·m	许用转速/（r/min）	D_0	D	L	S
15，17，18	120	250	32	70	95	
20，25，30	250	250	45	90	115	
36，40	500	250	60	110	160	
45，50	800	250	80	130	200	$0.5_0^{+0.3}$
55，60	1 250	250	95	150	240	
65，70	2 000	250	105	170	275	
75，80	3 200	250	115	190	310	
85，90	5 000	250	130	210	355	
95，100	8 000	250	140	240	395	
110，120	10 000	100	170	280	435	$1.0_0^{+0.5}$
130，140	16 000	100	190	320	485	
150	20 000	100	210	340	550	

附录六　减速器附件及润滑密封件

附录 6-1　检查孔与盖板

附表 6-1　检查孔与盖板的结构尺寸　　　　mm

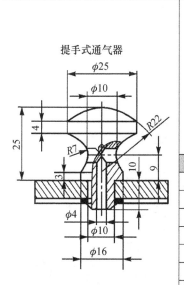

A	100、120、150、180、200
A_1	$A + 5d_1$
A_2	$(A + A_1) / 2$
B	$B_1 - 5d_1$
B_1	箱体宽 − (15~20)
B_2	$(B + B_1) / 2$
d_1	M6~8
R	5~10
h	自行设计

附录 6-2　通气器

附表 6-2　提手式通气器和通气塞的结构类型和尺寸　　　　mm

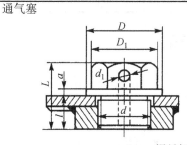

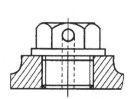

S——螺母扳手宽度

d	D	D_1	S	L	l	a	d_1
M12 × 1.25	18	16.5	14	19	10	2	4
M16 × 1.5	22	19.6	17	23	12	2	5
M20 × 1.5	30	25.4	22	28	15	4	6
M22 × 1.5	32	25.4	22	29	15	4	7
M27 × 1.5	38	31.2	27	34	18	4	8
M30 × 2	42	36.9	32	36	18	4	8
M33 × 2	45	36.9	32	38	20	4	8
M36 × 3	50	41.6	36	46	25	5	8

附表 6-3　带过滤装置的通气器（经一次过滤）的结构类型和尺寸　　　　　　mm

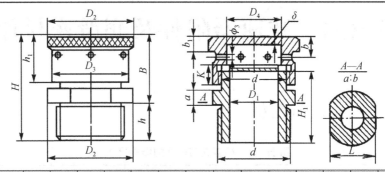

d	D_1	B	h	H	D_2	H_1	a	δ	K	b	h_1	b_1	D_3	D_4	L	孔　数
M27×1.5	15	≈30	15	≈45	36	32	6	4	10	8	22	6	32	18	32	6
M36×2	20	≈40	20	≈60	48	42	8	4	12	11	29	8	42	24	41	6
M48×3	30	≈45	25	≈70	62	52	10	5	15	13	32	10	56	36	55	8

附表 6-4　带过滤装置的通气器（经两次过滤）的结构类型和尺寸　　　　　　mm

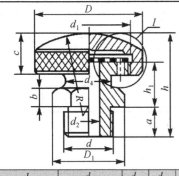
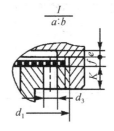

S——螺母扳手宽度

d	d_1	d_2	d_3	d_4	D	h	a	b	c	h_1	R	D_1	S	K	e	f
M18×1.5	M33×1.5	8	3	16	40	40	12	7	16	18	40	25.4	22	6	2	2
M27×1.5	M48×1.5	12	4.5	24	60	54	15	10	22	24	60	36.9	32	7	2	2
M36×1.5	M64×1.5	16	6	30	80	70	20	13	28	32	80	53.1	41	10	3	3

附录 6-3　油面指示器

附表 6-5　杆式油标　　　　　　mm

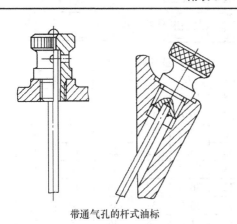

带通气孔的杆式油标

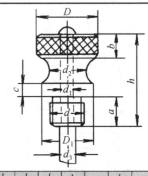

d	d_1	d_2	d_3	h	a	b	c	D	D_1
M12	4	12	6	28	10	6	4	20	16
M16	4	16	6	35	12	8	5	26	22
M20	6	20	8	42	15	10	6	32	26

附表 6-6 压配式圆形油标尺寸（GB 1160.1—1989） mm

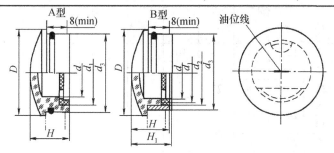

标记示例：

油标 A32 GB/T 1160.1—1989，表示视孔 $d=32$ mm，A 型压配式圆形油标。

d	D	d_1 基本尺寸	d_1 极限偏差	d_2 基本尺寸	d_2 极限偏差	d_3 基本尺寸	d_3 极限偏差	H	H_1	O 型橡胶密封圈 GB/T 3452.1
12	22	12	−0.050 −0.160	17	−0.050 −0.160	20	−0.065 −0.195	14	16	15 × 2.65
16	27	18		22		25				20 × 2.65
20	34	22	−0.065 −0.195	28	−0.065 −0.195	32	−0.080 −0.240	16	18	25 × 3.55
25	40	28		34	−0.080 −0.240	38				31.5 × 3.55
32	48	35	−0.080 −0.240	41		45		18	22	38.7 × 3.55
40	58	45		51		55				48.7 × 3.55
50	70	55	−0.100 −0.290	61	−0.100 −0.290	65	−0.100 −0.290	22	24	—
63	85	70		76		80				—

附录 6-4 油螺塞

附表 6-7 外六角螺塞（JB/Z 4450—1986） 纸封油圈（ZB71—62） 皮封油圈（ZB71—62） mm

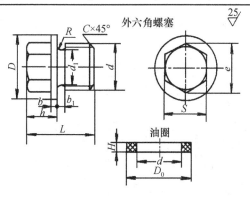

标记示例：

螺塞 M20 × 1.5 JB/ZQ4450—86

油圈 30 × 20 ZB71—62（$D_0=30$，$d=20$ 的纸封油圈）

油圈 30 × 20 ZB70—62（$D_0=30$，$d=20$ 的纸封油圈）

续表

d	d_1	D	e	S	L	h	b	b_1	R	c	D_0	H 纸 圈	H 皮 圈
M10×1	8.5	18	12.7	11	20	10		2	0.5	0.7	18		
M12×1.25	10.2	22	15	13	24		3				22	2	2
M14×1.5	11.8	23	20.8	18	25	12			1.0				
M18×1.5	15.8	28	24.2	21	27			3			25		
M20×1.5	17.8	30			30	15					30		
M22×1.5	19.8	32	27.7	24					1		32		
M24×2	21	34	31.2	27	32	16	4			1.5	35	3	
M27×2	24	38	34.6	30	35	17		4			40		2.5
M30×2	27	42	39.3	34	38	18					45		

材料：纸封油圈—石棉橡胶纸；皮封油圈—工业用革；螺塞—Q235。

附录6-5　起吊装置

附表6-8　吊环螺钉及沉孔的尺寸　　　　　　　　mm

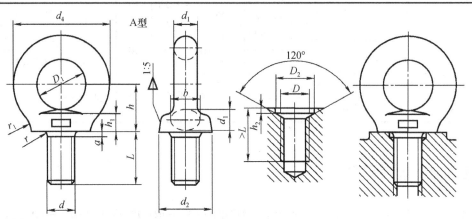

标记示例：

规格为20 mm、材料为20钢、经正火处理、不经表面处理的A型吊环螺钉的标记为：

螺钉 GB/T 825　M20

螺纹规格（d）		M8	M10	M12	M16	M20	M24	M30	M36	M42	M48
d_1	max	9.1	11.1	13.1	15.2	17.4	21.4	25.7	30	34.4	40.7
	min	7.6	9.6	11.6	13.6	15.6	19.6	23.5	27.5	31.2	37.1
D_1	公称	20	24	28	34	40	48	56	67	80	95
d_2	max	21.1	25.1	29.1	35.2	41.4	49.4	57.7	69	82.4	97.7
	min	19.6	23.6	27.6	33.6	39.6	47.6	55.5	66.5	79.2	94.1
h_1	max	7	9	11	13	15.1	19.1	23.2	27.4	31.7	36.9
	min	5.6	7.6	9.6	11.6	13.5	17.5	21.4	25.4	29.2	34.1
L	公称	16	20	22	28	35	40	45	55	65	70
d_4（参考）		36	44	52	62	72	88	104	123	144	171
h		18	22	26	31	36	44	53	63	74	87

螺纹规格（d）		M8	M10	M12	M16	M20	M24	M30	M36	M42	M48
r_1		4	4	6	6	8	12	15	18	20	22
r（min）		1	1	1	1	1	2	2	3	3	3
a		2.5	3	3.5	4	5	6	7	8	9	10
b		10	12	14	16	19	24	28	32	38	46
D_2		13	15	17	22	28	32	38	45	52	60
h_2		2.5	3	3.5	4.5	5	7	8	9.5	10.5	11.5
最大起吊重量/t	单螺钉	0.16	0.25	0.4	0.63	1	1.6	2.5	4	6.3	8
	双螺钉	0.08	0.125	0.2	0.32	0.5	0.8	1.25	2	3.2	4

附表 6-9　起重吊耳、吊耳环和吊钩结构尺寸

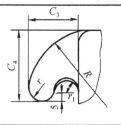

吊耳（在箱盖上铸出）

$C_3 = (4 \sim 5)\ \delta_1$
$C_4 = (1.3 \sim 1.5)\ C_3$
$B = (1.8 \sim 2.5)\ \delta_1$
$R = C_4$；$r_1 \approx 0.2\ C_3$；$r \approx 0.25\ C_3$
δ_1——箱盖壁厚

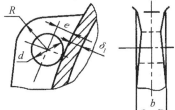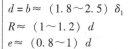

吊耳环（在箱盖上铸出）

$d = b \approx (1.8 \sim 2.5)\ \delta_1$
$R \approx (1 \sim 1.2)\ d$
$e \approx (0.8 \sim 1)\ d$

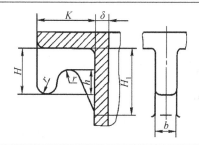

吊钩（在箱座上铸出）

$K = C_1 + C_2$
$H \approx 0.8K$
$h \approx 0.5H$
$r \approx 0.25K$
$b \approx (1.8 \sim 2.5)\ \delta$
δ——箱座壁厚

吊钩（在箱座上铸出）

$K = C_1 + C_2$
$H \approx 0.8K$
$h \approx 0.5H$
$r \approx K/6$
$b \approx (1.8 \sim 2.5)\ \delta$
H_1 按结构确定

附录 6-6 常用润滑剂

附表 6-10 常用润滑油的主要性能和用途

名　称	代　号	运动粘度/(mm² · s⁻¹)		凝点 ≤℃	闪点 ≥℃	主要用途
		40℃	100℃			
全损耗系统用油 GB 443—1989	L—AN46	41.4～50.6		-5	160	主要用在大型机床、大型刨床上
	L—AN68	61.2～74.8				主要用在低速重载的纺织机械及重型机床、锻压、铸工设备上
	L—AN100	90.0～110			180	
	L—AN150	135～165				
汽轮机油 GB 11120—1989	L—TSA32	28.8～35.2		-7	180	适用于电力、工业、船舶及其他工业汽轮机组、水轮机组的润滑和密封
	L—TSA46	41.4～50.6				
	L—TSA68	61.2～74.8			195	
	L—TSA100	90.0～110				
工业闭式齿轮油 GB 5903—1995	L—CKC68	61.2～74.8		-8	180	适用于煤炭、水泥、冶金工业部门大型封闭式齿轮传动装置的润滑
	L—CKC100	90.0～110				
	L—CKC150	135～165			200	
	L—CKC220	198～242				
	L—CKC320	288～352				
	L—CKC460	414～506				
	L—CKC680	612～748		-5	220	
液压油 GB 11118.1—1994	L—HL15	13.5～16.5		-12	140	适用于机床和其他设备的低压齿轮泵，也可以适用于其他抗氧防锈型润滑油的机械设备（如轴承和齿轮等）
	L—HL22	19.8～24.2		-9		
	L—HL32	28.8～35.2			160	
	L—HL46	41.4～50.6		-6		
	L—HL68	61.2～74.8			180	
	L—HL100	90.0～110				
QB 汽油机润滑油 GB 485—1988	20 号		6～9.3	-20	185	适用于汽车、拖拉机汽化器、发动机汽缸活塞的润滑，以及各种中、小型柴油机等动力设备的润滑
	30 号		10～12.5	-15	200	
	40 号		12.5～16.3	-5	210	
L—CPE/P 蜗轮蜗杆油 SH 0094—1991	220	198～242		-12		适用于铜-钢配对的圆柱形、承受重负载、传动中有振动和冲击的蜗轮蜗杆副
	320	288～352				
	460	414～506				
	680	612～748				
	1 000	900～1 100				

附表 6-11　常用润滑脂的主要性能和用途

名　称	代　号	滴　点 ≤℃	工作锥入度 (25℃，150 g) 1/10 mm	主要用途
钙基润滑脂 (GB 491—1987)	L-XAAMHA1	80	310～340	有耐水性能。用于工作温度低于55～60℃的各种工农业、交通运输机械设备的轴承润滑，特别是有水或潮湿处
	L-XAAMHA2	85	265～295	
	L-XAAMHA3	90	220～250	
	L-XAAMHA4	95	175～205	
钠基润滑脂 (GB 492-1989)	L-XACMGA2	160	265～295	不耐水（或潮湿）。用于工作温度在 −10～110℃的一般中负载机械设备轴承润滑
	L-XACMGA2		220～250	
通用锂基润滑脂 (GB 7324—1987)	ZL-1	170	310～340	有良好的耐水性和耐热性。适用于温度在 −20～120℃范围内各种机械的滚动轴承、滑动轴承及其他摩擦部位的润滑
	ZL-2	175	265～295	
	ZL-3	180	220～250	
钙钠基润滑脂 (ZBE 36001—1988)	ZGN-1	120	250～290	适用于工作温度在 80～100℃、有水分或较潮湿环境中工作的机械润滑，多用于铁路机车、列车、小电动机、发电机滚动轴承（温度较高者）的润滑。不适于低温工作
	ZGN-2	135	200～240	
石墨钙基润滑脂 (ZBE 36002—1988)	ZG-S	80		人字齿轮，起重机、挖掘机的底盘齿轮，矿山机械、绞车钢丝绳等高负载、高压力、低速度的粗糙机械润滑及一般开式齿轮润滑，能耐潮湿
滚珠轴承脂 (SY 1514—1982)	ZGN69-2	120	250～290 (−40℃时为30)	适用于机车、汽车、电动机及其他机械的滚动轴承润滑
7407 号齿轮润滑脂 (SY4036-1984)		160	75～90	适用于各种低速、中、重载荷齿轮、链和联轴器等的润滑，使用温度≤120℃，可承受冲击载荷
高温润滑脂 (GB 11124—1989)	7014-1	280	62～75	适用于高温下各种滚动轴承的润滑，也可适用于一般滑动轴承和齿轮的润滑。使用温度为 −40～ +200℃
工业用凡士林 (GB 6731—1986)		54		适用于做金属零件、机器的防锈，在机械的温度不高和负载不大时，可用作减摩润滑脂

附录 6-7　密封件

附表 6-12　毡圈油封及槽（GB/ZQ 4606—1997）　　　　mm

轴径	毡 圈				槽			B_{min}	
d	D	d_1	B_1		D_0	d_0	b	钢	铸　铁
15	29	14	6		28	16	5	10	12
20	33	19			32	21			
25	39	24	7		38	26	6		
30	45	29			44	31			
35	49	34			48	36			
40	53	39			52	41			
45	61	44	18		60	46	7	12	15
50	69	49			68	51			
55	74	53			72	56			
60	80	58			78	61			
65	84	63			82	66			
70	90	68			88	71			
75	94	73			92	77			
80	102	78	9		100	82	8	15	18
85	107	83			105	87			
90	112	88			110	92			
95	117	93	10		115	97			
100	122	98			120	102			
105	127	103			125	107			
110	132	108			130	112			

毡圈

装毡圈的沟槽尺寸

标记示例

　　毡圈40　JB/ZQ 4606—1997

　　表示：$d = 40\,mm$ 的毡圈油封

　　材料：半粗羊毛毡

注：本标准适用于线速度 $v < 5\,m/s$。

附表 6-13　J 形无骨架橡胶密封圈（HG4—338—1996）　　　　mm

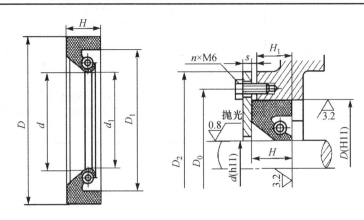

标记示例：J 形油封 $50 \times 75 \times 12$　橡胶 I—1　HG4—338—1996

　　　表示 $d = 50\,mm$，$D = 75\,mm$，$H = 12\,mm$，材料为耐油橡胶 I—1 的 J 形无骨架橡胶油封

轴径 d	D	H	d_1	D_1	轴径 d	D	H	d_1	D_1
30	55		29	46	75	100		74	91
35	60		34	51	80	105		79	96
40	65		39	56	85	110	12	84	101
45	70		44	61	90	115		89	106
50	75	12	49	66	95	120		94	111
55	80		54	71	100	130		99	120
60	85		59	76	10	140		109	130
65	90		64	81	120	150	16	119	140
70	95		69	86	130	160		129	150

附表 6-14　通用 O 形橡胶密封圈（摘自 GB/T 3452.1 — 2005）　　　　mm

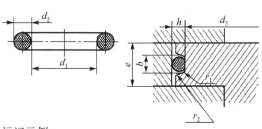

标记示例：

　　内径 $d_1 = 32.5$ mm，截面直径 $d_2 = 2.65$，C 系列 N 级 O 形密封圈的标记：

O 形圈 32.5×2.65—A — N GB/T 3452.1 — 1992

沟槽尺寸（GB/T 3452.3 — 2005）					
d_2	$b_0^{+0.25}$	$h_0^{+0.10}$	d_3 偏差值	r_1	r_2
1.8	2.4	1.38	$0 \\ -0.04$	$0.2 \sim 0.4$	
2.65	3.6	2.07	$0 \\ -0.05$	$0.4 \sim 0.8$	
3.55	4.8	2.74	$0 \\ -0.06$	$0.4 \sim 0.8$	$0.1 \sim 0.3$
5.3	7.1	4.19	$0 \\ -0.07$	$0.8 \sim 1.2$	
7.0	9.5	5.67	$0 \\ -0.09$	$0.8 \sim 1.2$	

内径 d_1		d_2				内径 d_1		d_2			
尺　寸	公差 ±	1.8 ±0.08	2.65 ±0.09	3.55 ±0.10	5.3 ±0.13	尺　寸	公差 ±	2.65 ±0.09	3.55 ±0.10	5.3 ±0.13	7 ±0.15
19		*	*	*		61.5		*	*	*	
20		*	*	*		63	0.44	*	*	*	
21.2		*	*	*		65			*	*	
22.4		*	*	*		67		*	*	*	
23.6		*	*	*		69			*	*	
25	0.22	*	*	*		71		*	*	*	
25.8		*	*	*		73			*	*	
26.5		*	*	*		75	0.53		*	*	
28		*	*	*		77.5			*	*	
30.0		*	*	*		80		*	*	*	

续表

内径 d_1		d_2				内径 d_1		d_2			
尺寸	公差±	1.8 ±0.08	2.65 ±0.09	3.55 ±0.10	5.3 ±0.13	尺寸	公差±	2.65 ±0.09	3.55 ±0.10	5.3 ±0.13	7 ±0.15
31.5			*	*		82.5			*	*	
32.5		*	*	*		85		*	*	*	
33.5			*	*		87.5			*	*	
34.5		*	*	*		90		*	*	*	
35.5	0.30		*	*		92.5			*	*	
36.5		*	*	*		95		*	*	*	
37.5			*	*		97.5			*	*	
38.7		*	*	*		100		*	*	*	
40			*	*	*	103	0.65		*	*	
41.2			*	*	*	106		*	*	*	
42.5		*	*	*	*	109			*	*	*
43.7			*	*	*	112		*	*	*	*
45	0.36		*	*	*	115			*	*	*
46.2		*	*	*	*	118		*	*	*	*
47.5			*	*	*	122			*	*	*
48.7			*	*	*	125		*	*	*	*
50		*	*	*	*	128			*	*	*
51.5			*	*	*	132		*	*	*	*
53			*	*	*	136		*	*	*	*
54.5	0.44		*	*	*	140	0.90	*	*	*	*
56		*	*	*		145			*	*	*
58		*	*	*		150		*	*	*	*
60		*	*	*		155			*	*	*

附表 6-15　油沟式密封槽（JB/ZQ 4245—1986）　　　　　mm

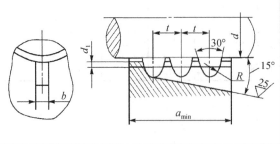

轴径 d	25～80	>80～120	>120～180	油沟数 n
R	1.5	2	2.5	2～3（3 个使用较多）
t	4.5	6	7.5	
b	4	5	6	
d_1	$d_1 = d + 1$			
a_{min}	$a_{min} = nt + R$			

附表 6-16　迷宫式密封　　　　　　　　　　　　　　　mm

轴径 d	10～50	50～80	80～110	110～180
e	0.2	0.3	0.4	0.5
f	1	1.5	2	2.5

附录七　电　动　机

附录 7-1　Y 系列电动机的技术数据

附表 7-1　Y 系列三相异步电动机的技术数据（IP44）（摘自 JB/T 9619—1999）

电动机型号	额定功率 /kW	满载转速 /(r/min)	堵转转矩 额定转矩	最大转矩 额定转矩	电动机型号	额定功率 /kW	满载转速 /(r/min)	堵转转矩 额定转矩	最大转矩 额定转矩
同步转速 $n=3000$（r/min），2 极					Y250M—4	55	1480	2	2.2
Y801—2	0.75	2825	2.2	2.2	Y280S—4	75	1480	1.9	2.2
Y802—2	1.1	2825	2.2	2.2	Y280M—4	90	1480	1.9	2.2
Y90S—2	1.5	2840	2.2	2.2	同步转速 $n=1000$（r/min），6 极				
Y90L—2	2.2	2840	2.2	2.2	Y90S—6	0.75	910	2	2
Y100L—2	3	2880	2.2	2.2	Y90L—6	1.1	910	2	2
Y112M—2	4	2890	2.2	2.2	Y100L—6	1.5	940	2	2
Y132S1—2	5.5	2900	2	2.2	Y112M—6	2.2	940	2	2
Y132S2—2	7.5	2900	2	2.2	Y132S—6	3	960	2	2
Y160M1—2	11	2930	2	2.2	Y132M1—6	4	960	2	2
Y160M2—2	15	2930	2	2.2	Y132M2—6	5.5	960	2	2
Y160L—2	18.5	2930	2	2.2	Y160M—6	7.5	970	2	2
Y180M—2	22	2940	2	2.2	Y160L—6	11	970	2	2
Y200L1—2	30	2950	2	2.2	Y180L—6	15	970	1.8	2
Y200L2—2	37	2950	2	2.2	Y200L1—6	18.5	970	1.8	2
Y225M—2	45	2970	2	2.2	Y200L2—6	22	970	1.8	2
Y250M—2	55	2970	2	2.2	Y225M—6	30	980	1.7	2
同步转速 $n=1500$（r/min），4 极					Y250M—6	37	980	1.8	2
Y801—4	0.55	1390	2.2	2.2	Y280S—6	45	980	1.8	2
Y802—4	0.75	1390	2.2	2.2	Y280M—6	55	980	1.8	2
Y90S—4	1.1	1400	2.2	2.2	同步转速 $n=750$（r/min），8 极				
Y90L—4	1.5	1400	2.2	2.2	Y132S—8	2.2	710	2	2
Y100Ll—4	2.2	1420	2.2	2.2	Y132M—8	3	710	2	2
Y100L2—4	3	1420	2.2	2.2	Y160M1—8	4	720	2	2
Y112M—4	4	1440	2.2	2.2	Y160M2—8	5.5	720	2	2
Y132S—4	5.5	1440	2.2	2.2	Y160L—8	7.5	720	2	2
Y132M—4	7.5	1440	2.2	2.2	Y180L—8	11	730	1.7	2
Y160M—4	11	1460	2.2	2.2	Y200L—8	15	730	1.8	2
Y160L—4	15	1460	2.2	2.2	Y225S—8	18.5	730	1.7	2
Y180M—4	18.5	1470	2	2.2	Y225M—8	22	730	1.8	2
Y180L—4	22	1470	2	2.2	Y250M—8	30	730	1.8	2
Y200L—4	30	1470	2	2.2	Y280S—8	37	740	1.8	2
Y225S—4	37	1480	1.9	2.2	Y280M—8	45	740	1.8	2
Y225M—4	45	1480	1.9	2.2	Y315S—8	55	740	1.6	2

注：电动机型号的意义：以 Y132S2—2—B3 为例，Y 表示系列代号，132 表示机座中心高，S 表示短机座（M 为中机座，L 为长机座），字母 S、M、L 后的数字表示不同功率的代号，2 为电动机的极数，B3 表示安装形式。

附录 7-2　Y 系列电动机的安装形式与尺寸

附表 7-2　机座带底脚、端盖无凸缘（B3/B6/B7/B8/V5/V6 型）Y 系列电动机的安装及外形尺寸

mm

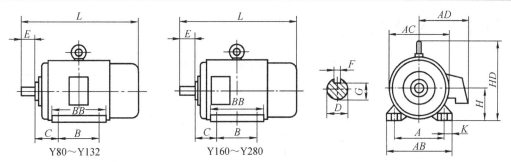

Y80～Y132　　　　Y160～Y280

机座号	极 数	A	B	C	D	E	F	G	H	K	AB	AC	AD	HD	BB	L
80	2, 4	125	100	50	19	40	6	15.5	80	10	165	165	150	170	130	285
90S	2, 4, 6	140	100	56	24 (+0.009/−0.004)	50	8	20	90	10	180	175	155	190	130	310
90L	2, 4, 6	140	125	56	24 (+0.009/−0.004)	50	8	20	90	10	180	175	155	190	155	335
100L	2, 4, 6	160	140	63	28 (+0.009/−0.004)	60	8	24	100	12	205	205	180	245	170	380
112M	2, 4, 6	190	140	70	28 (+0.009/−0.004)	60	8	24	112	12	245	230	190	265	180	400
132S	2, 4, 6, 8	216	178	89	38 (+0.018/+0.002)	80	10	33	132	12	280	270	210	315	200	475
132M	2, 4, 6, 8	216	178	89	38	80	10	33	132	12	280	270	210	315	238	515
160M	2, 4, 6, 8	254	210	108	42 (+0.018/+0.002)	110	12	37	160	15	330	325	255	385	270	600
160L	2, 4, 6, 8	254	254	108	42	110	12	37	160	15	330	325	255	385	314	645
180M	2, 4, 6, 8	279	241	121	48 (+0.018/+0.002)	110	14	42.5	180	15	355	360	285	430	311	670
180L	2, 4, 6, 8	279	279	121	48	110	14	42.5	180	15	355	360	285	430	349	710
200L	2, 4, 6, 8	318	305	133	55	110	16	49	200	19	395	400	310	475	379	775
225S	4, 8	356	286	149	60	140	18	53	225	19	435	450	345	530	368	820
225M	2	356	311	149	55 (+0.030/+0.011)	110	16	49	225	19	435	450	345	530	393	815
225M	4, 6, 8	356	311	149	60 (+0.030/+0.011)	140	18	53	225	19	435	450	345	530	393	845
250M	2	406	349	168	60 (+0.030/+0.011)	140	18	53	250	24	490	495	385	575	455	930
250M	4, 6, 8	406	349	168	65	140	18	58	250	24	490	495	385	575	455	930

附录八　公差与配合

附录 8-1　极限与配合

附表 8-1　基本偏差系列及配合种类

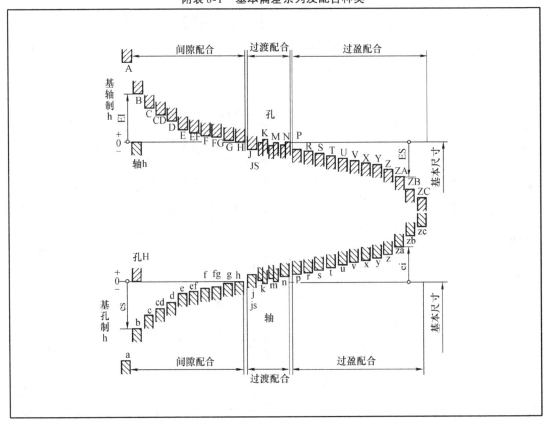

附表 8-2　标准公差数值（基本尺寸 >6～500 mm）（GB/T 1800.3—1998）　　μm

| 基本尺寸/ | 公　　差　　等　　级 | | | | | | | |
mm	IT5	IT6	IT7	IT8	IT9	IT10	IT11	IT12
>6～10	6	9	15	22	36	58	90	150
>10～18	8	11	18	27	43	70	110	180
>18～30	9	13	21	33	52	84	130	210
>30～50	11	16	25	39	62	100	160	250
>50～80	13	19	30	46	74	120	190	300
>80～120	15	22	35	54	87	140	220	350
>120～180	18	25	40	63	100	160	250	400
>180～250	20	29	46	72	115	185	290	460
>250～315	23	32	52	81	130	210	320	520
>315～400	25	36	57	89	140	230	360	570
>400～500	27	40	63	97	155	250	400	630

附表 8-3　孔的极限偏差值（GB/T 1800.4—1999）　　　　μm

公差带	等　级	基本尺寸/mm							
		>10～18	>18～30	>30～50	>50～80	>80～120	>120～180	>180～250	>250～315
D	8	+77 +50	+98 +65	+119 +80	+146 +100	+174 +120	+208 +145	+242 +170	+271 +190
	▼9	+93 +50	+117 +65	+142 +80	+174 +100	+207 +120	+245 +145	+285 +170	+320 +190
	10	+120 +50	+149 +65	+180 +80	+220 +100	+260 +120	+305 +145	+355 +170	+400 +190
	11	+160 +50	+195 +65	+240 +80	+290 +100	+340 +120	+395 +145	+460 +170	+510 +190
E	6	+43 +32	+53 +40	+66 +50	+79 +60	+94 +72	+110 +85	+129 +100	+142 +110
	7	+50 +32	+61 +40	+75 +50	+90 +60	+107 +72	+125 +85	+146 +100	+162 +110
	8	+59 +32	+73 +40	+89 +50	+106 +60	+126 +72	+148 +85	+172 +100	+191 +110
	9	+75 +32	+92 +40	+112 +50	+134 +60	+159 +72	+185 +85	+215 +100	+240 +110
	10	+102 +32	+124 +40	+150 +50	+180 +60	+212 +72	+245 +85	+285 +100	+320 +110
F	6	+27 +16	+33 +20	+41 +25	+49 +30	+58 +36	+68 +43	+79 +50	+88 +56
	7	+34 +16	+41 +20	+50 +25	+60 +30	+71 +36	+83 +43	+96 +50	+108 +56
	▼8	+43 +16	+53 +20	+64 +25	+76 +30	+90 +36	+106 +43	+122 +50	+137 +56
	9	+59 +16	+72 +20	+87 +25	+104 +30	+123 +36	+143 +43	+165 +50	+186 +56
H	6	+11 0	+13 0	+16 0	+19 0	+22 0	+25 0	+29 0	+32 0
	▼7	+18 0	+21 0	+25 0	+30 0	+35 0	+40 0	+46 0	+52 0
	▼8	+27 0	+33 0	+39 0	+46 0	+54 0	+63 0	+72 0	+81 0
	▼9	+43 0	+52 0	+62 0	+74 0	+87 0	+100 0	+115 0	+130 0
	10	+70 0	+84 0	+100 0	+120 0	+140 0	+160 0	+185 0	+210 0
	▼11	+110 0	+130 0	+160 0	+190 0	+220 0	+250 0	+290 0	+320 0
K	6	+2 −9	+2 −11	+3 −13	+4 −15	+4 −18	+4 −21	+5 −24	+5 −27
	▼7	+6 −12	+6 −15	+7 −18	+9 −21	+10 −25	+12 −28	+13 −33	+16 −36
	8	+8 −19	+10 −23	+12 −27	+14 −32	+16 −38	+20 −43	+22 −50	+25 −56
N	6	−9 −20	−11 −28	−12 −24	−14 −33	−16 −38	−20 −45	−22 −51	−25 −57
	▼7	−5 −23	−7 −28	−8 −33	−9 −39	−10 −45	−12 −52	−14 −60	−14 −66
	8	−3 −30	−3 −36	−3 −42	−4 −50	−4 −58	−4 −67	−5 −77	−5 −86
P	6	−15 −26	−18 −31	−21 −37	−26 −45	−30 −52	−36 −61	−41 −70	−47 −79
	▼7	−11 −29	−14 −35	−17 −42	−21 −51	−24 −59	−28 −68	−33 −79	−36 −88

注：标注▼者为优先公差等级，应优先选用。

附表 8-4　轴的极限偏差值（GB/T 1800.4—1999）　　　　　μm

公差带	等　级	基本尺寸/mm							
		>10～18	>18～30	>30～50	50～80	>80～120	>120～180	>180～250	>250～315
d	6	−50 −61	−65 −78	−80 −96	−100 −119	−120 −142	−145 −170	−170 −199	−190 −222
	7	−50 −68	−65 −86	−80 −105	−100 −130	−120 −155	−145 −185	−170 −216	−190 −242
	8	−50 −77	−65 −98	−80 −119	−100 −146	−120 −174	−145 −208	−170 −242	−190 −271
	▼9	−50 −93	−65 −117	−80 −142	−100 −174	−120 −207	−145 −245	−170 −285	−190 −320
	10	−50 −120	−65 −149	−80 −180	−100 −220	−120 −260	−145 −305	−170 −355	−190 −400
f	▼7	−16 −34	−20 −41	−25 −50	−30 −60	−36 −71	−43 −83	−50 −96	−56 −108
	8	−16 −43	−20 −53	−25 −64	−30 −76	−36 −90	−43 −106	−50 −122	−56 −137
	9	−16 −59	−20 −72	−25 −87	−30 −104	−36 −123	−43 −143	−50 −165	−56 −186
g	5	−6 −14	−7 −16	−9 −20	−10 −23	−12 −27	−14 −32	−15 −35	−17 −40
	▼6	−6 −17	−7 −20	−9 −25	−10 −29	−12 −34	−14 −39	−15 −44	−17 −49
	7	−6 −24	−7 −28	−9 −34	−10 −40	−12 −47	−14 −54	−15 −61	−17 −69
h	5	0 −8	0 −9	0 −11	0 −13	0 −15	0 −18	0 −20	0 −23
	▼6	0 −11	0 −13	0 −16	0 −19	0 −22	0 −25	0 −29	0 −32
	▼7	0 −18	0 −21	0 −25	0 −30	0 −35	0 −40	0 −46	0 −52
	8	0 −27	0 −33	0 −39	0 −46	0 −54	0 −63	0 −72	0 −81
	▼9	0 −43	0 −52	0 −62	0 −74	0 −87	0 −100	0 −115	0 −130
k	5	+9 +1	+11 +2	+13 +2	+15 +2	+18 +3	+21 +3	+24 +4	+27 +4
	▼6	+12 +1	+15 +2	+18 +2	+21 +2	+25 +3	+28 +3	+33 +3	+36 +4
	7	+19 +1	+23 +2	+27 +2	+32 +2	+38 +3	+43 +3	+50 +4	+56 +4
m	5	+15 +7	+17 +8	+20 +9	+24 +11	+28 +13	+33 +15	+37 +17	+43 +20
	6	+18 +7	+21 +8	+25 +9	+30 +11	+35 +13	+40 +15	+46 +17	+52 +20
	7	+25 +7	+29 +8	+34 +9	+41 +11	+48 +13	+55 +15	+63 +17	+72 +20
n	5	+20 +12	+24 +15	+28 +17	+33 +22	+38 +23	+45 +27	+51 +31	+57 +34
	▼6	+23 +12	+28 +15	+33 +17	+39 +20	+45 +23	+52 +27	+60 +31	+66 +34
	7	+30 +12	+36 +15	+42 +17	+50 +20	+58 +23	+67 +27	+77 +31	+86 +34
p	5	+26 +18	+31 +22	+37 +26	+45 +32	+52 +37	+61 +43	+70 +50	+79 +56
	▼6	+29 +18	+35 +22	+42 +26	+51 +32	+59 +37	+68 +43	+79 +50	+88 +56
	7	+36 +18	+43 +22	+51 +26	+62 +32	+72 +37	+83 +43	+96 +50	+108 +56

注：标注▼者为优先公差等级，应优先选用。

附录 8-2　齿轮精度及公差检验项目

附表 8-5　普通减速器齿轮最低精度（摘自 GB/T 10095—2001）

齿轮圆周速度/（m/s）		精度等级（按 GB/T 10095—1988）	
斜齿轮	直齿轮	软或中硬齿面	硬齿面
≤8	≤3	9—9—7	8—8—6
>8～12.5	>3～7	8—8—7	7—7—6
>12.5～18	>7～12	8—7—7	7—6—6
>18	>12～18	7—6—6	7—6—6

附表 8-6　齿轮各项公差及极限偏差的分组

公差组	公差与极限偏差项目		对传动性能的主要影响
	代　号	名　称	
Ⅰ	F'_i	切向综合公差	传递运动的准确性
	F_p	齿距累积公差	
	F_{pk}	k 个齿距累积公差	
	F''_i	径向综合公差	
	F_r	径圈径向跳动公差	
	F_w	公法线长度变动公差	
Ⅱ	f'_i	一齿切向综合公差	传动的平稳性、噪声、振动
	f''_i	一齿径向综合公差	
	f_f	齿形公差	
	$\pm f_{pt}$	齿距极限偏差	
	$\pm f_{pb}$	基节极限偏差	
	$f_{f\beta}$	螺旋线波度公差	
Ⅲ	F_β	齿向公差	载荷分布的均匀性
	F_b	接触线公差	
	$\pm F_{px}$	轴向齿距极限偏差	

注：根据使用要求，对三个公差组可选用相同或不同的精度等级。但在同一公差组内，各项公差与极限偏差应保持相同的精度等级。

附表 8-7　齿轮检验项目推荐

检验组	检验项目	适用等级	测量仪器
1	F_p、F_α、F_β、F_r、E_{sn} 或 E_{bn}	3～9	齿距仪、齿形仪、齿向仪、摆差测定仪、齿厚卡尺或公法线千分尺
2	F_p、f_{pt}、F_α、F_β、F_r、E_{sn} 或 E_{bn}	3～9	
3	F''_i、F'_i、E_{sn} 或 E_{bn}	3～9	双面啮合测量仪、齿厚卡尺或公法线千分尺
4	F_{pt}、F_r、E_{sn} 或 E_{bn}	6～9	齿距仪、摆差测定仪、齿厚卡尺或公法线千分尺

注：国标对三个公差组分别规定了一些检验组。设计时，应按齿轮副的工作要求和生产规模以及用同一仪器检测较多指标的原则，可在表中选定一个检验组组合和侧隙评定指标来评定和验收齿轮的精度，如选用第 2 组进行检验。

附表 8-8　圆柱齿轮第Ⅰ、Ⅱ公差组各项公差及极限偏差值　　　　　　　　μm

分度圆直径 d/mm	法向模数 m_n/mm	单个齿距极限偏差 $\pm f_{pt}$				齿距累积总公差 F_p				齿廓总公差 F_α				齿廓形状偏差 f_{fa}			
		精度等级															
		5	6	7	8	5	6	7	8	5	6	7	8	5	6	7	8
5 < d ≤ 20	0.5 ≤ m ≤ 2	4.7	6.5	9.5	13	11	16	23	32	4.6	6.5	9.0	13	3.5	5.0	7.0	10
	2 < m ≤ 3.5	5.0	7.5	10	15	12	17	23	33	6.5	9.5	13	19	5.0	7.0	10	14
20 < d ≤ 50	0.5 ≤ m ≤ 2	5.0	7.0	10	14	14	20	29	41	5.0	7.5	10	15	4.0	5.5	8.0	11
	2 < m ≤ 3.5	5.5	7.5	11	15	15	21	30	42	7.0	10	14	20	5.5	8.0	11	16
	3.5 < m ≤ 6	6.0	8.5	12	17	15	22	31	44	9.0	12	18	25	7.0	9.5	14	19
50 < d ≤ 125	0.5 ≤ m ≤ 2	5.5	7.5	11	15	18	26	37	52	6.0	8.5	12	17	4.5	6.5	9.0	13
	2 < m ≤ 3.5	6.0	8.5	12	17	19	27	38	53	8.0	11	16	22	6.0	8.5	12	17
	3.5 < m ≤ 6	6.5	9.0	13	18	19	28	39	55	9.5	13	19	27	7.5	10	15	21
125 < d ≤ 280	0.5 ≤ m ≤ 2	6.0	8.5	12	17	24	35	49	69	7.0	10	14	20	5.5	7.5	11	15
	2 < m ≤ 3.5	6.5	9.0	13	18	25	35	50	70	9.0	13	18	25	7.0	9.5	14	19
	3.5 < m ≤ 6	7.0	10	14	20	25	36	51	72	11	15	21	30	8.0	12	16	23
280 < d ≤ 560	0.5 ≤ m ≤ 2	6.5	9.5	13	19	32	46	64	91	8.5	12	17	23	6.5	9.0	13	18
	2 < m ≤ 3.5	7.0	10	14	20	33	46	65	92	10	15	21	29	8.0	11	16	22
	3.5 < m ≤ 6	8.0	11	16	22	33	47	66	94	12	17	24	34	9.0	13	18	26

分度圆直径 d/mm	法向模数 m_n/mm	齿廓倾斜偏差 f_{Ha}				径向公差 F_r				f'_i/K				公法线长度变动公差 F_w		
		精度等级														
		5	6	7	8	5	6	7	8	5	6	7	8	5	6	7
5 < d ≤ 20	0.5 ≤ m ≤ 2	2.9	4.2	6.0	8.5	9.0	13	18	25	14	19	27	38	10	14	20
	2 < m ≤ 3.5	4.2	6.0	8.5	12	9.5	13	19	27	16	23	32	45			
20 < d ≤ 50	0.5 ≤ m ≤ 2	3.3	4.6	6.5	9.5	11	16	23	32	14	20	29	41	12	16	23
	2 < m ≤ 3.5	4.5	6.5	9.0	13	12	17	24	34	17	24	34	49			
	3.5 < m ≤ 6	5.5	8.0	11	16	12	17	25	35	19	27	38	54			
50 < d ≤ 125	0.5 ≤ m ≤ 2	3.7	5.5	7.5	11	15	21	29	42	16	22	31	44	14	19	27
	2 < m ≤ 3.5	5.0	7.0	10	14	15	21	30	43	18	25	36	51			
	3.5 < m ≤ 6	6.0	8.5	12	17	16	22	31	44	20	29	40	57			
125 < d ≤ 280	0.5 ≤ m ≤ 2	4.4	6.0	9.0	12	20	28	39	55	17	24	34	49	16	22	31
	2 < m ≤ 3.5	5.5	8.0	11	16	20	28	40	56	20	28	39	56			
	3.5 < m ≤ 6	6.5	9.5	13	19	20	29	41	58	22	31	44	62			
280 < d ≤ 560	0.5 ≤ m ≤ 2	5.5	7.5	11	15	26	36	51	73	19	27	39	54	19	26	37
	2 < m ≤ 3.5	6.5	9.0	13	18	26	37	52	74	22	31	44	62			
	3.5 < m ≤ 6	7.5	11	15	21	27	38	53	75	24	34	48	68			

附表 8-9　圆柱齿轮第Ⅲ公差组齿向公差 F_β 值　　　　　　　　μm

精度等级	有效齿宽/mm					
	≤40	>40~100	>100~160	>160~250	>250~400	>400~630
6	9	12	16	19	24	28
7	11	16	20	24	28	34
8	18	25	32	38	45	55
9	28	40	50	60	75	90

附表 8-10　圆柱齿轮副有关项目的公差或极限偏差值（f_a）　　　μm

项　目		精度等级			
		6	7	8	9
接触斑点/%	按高度（≥）	50（40）	45（35）	40（30）	30
	按长度（≥）	70	60	50	40
中心距极限偏差 $\pm f_a$	齿轮副的中心距/mm >50～80	15	23		37
	>80～120	17.5	27		43.5
	>120～180	20	31.5		50
	>180～250	23	36		57.5
	>250～315	26	40.5		65
	>315～400	28.5	44.5		70
	>400～500	31.5	48.5		77.5
	>500～630	35	55		87

附表 8-11　齿厚极限偏差 E_s 的参考值　　　μm

分度圆直径 d/mm	偏差名称	Ⅱ组精度6级						Ⅱ组精度7级					
		法面模数/mm						法面模数/mm					
		≥1～3.5		>3.5～6.3		>6.3～10		≥1～3.5		>3.5～6.3		>6.3～10	
		偏差代号	偏差数值	偏差代号	偏差数值	偏差代号	偏差数值	偏差代号	偏差数值	偏差代号	偏差数值	偏差代号	偏差数值
≤80	E_{ss}	H	-80	G	-78	G	-84	H	-112	G	-108	G	-120
	E_{si}	K	-120	H	-104	H	-112	K	-168	J	-180	H	-160
>80～125	E_{ss}	J	-100	H	-104	H	-112	H	-112	G	-108	G	-120
	E_{si}	L	-160	J	-130	J	-140	K	-168	J	-180	H	-160
>125～180	E_{ss}	J	-110	H	-112	H	-128	H	-128	H	-120	G	-132
	E_{si}	L	-176	K	-168	K	-192	K	-192	J	-200	J	-220
>180～250	E_{ss}	K	-132	J	-140	H	-128	H	-128	H	-160	G	-132
	E_{si}	L	-176	L	-224	K	-192	K	-192	K	-240	J	-220
>250～315	E_{ss}	K	-132	J	-140	H	-128	J	-160	H	-160	H	-176
	E_{si}	L	-176	L	-224	K	-192	L	-256	K	-240	K	-264
>315～400	E_{ss}	L	-176	K	-168	J	-160	K	-192	H	-160	H	-176
	E_{si}	M	-220	L	-224	L	-256	L	-256	K	-240	K	-264
>400～500	E_{ss}	L	-208	K	-168	J	-180	J	-180	J	-200	H	-200
	E_{si}	M	-260	L	-224	L	-288	L	-288	L	-320	K	-300
>500～630	E_{ss}	L	-208	L	-224	J	-180	K	-216	J	-200	H	-200
	E_{si}	M	-260	M	-280	L	-288	M	-360	L	-320	K	-300
>630～800	E_{ss}	L	-208	L	-224	K	-216	K	-216	K	-240	J	-250
	E_{si}	N	-325	M	-280	L	-288	M	-360	L	-320	L	-400

续表

分度圆直径 d/mm	偏差名称	II组精度8级 法面模数/mm						II组精度9级 法面模数/mm					
		≥1~3.5		>3.5~6.3		>6.3~10		≥1~3.5		>3.5~6.3		>6.3~10	
		偏差代号	偏差数值	偏差代号	偏差数值	偏差代号	偏差数值	偏差代号	偏差数值	偏差代号	偏差数值	偏差代号	偏差数值
≤80	E_{ss}	G	-120	F	-100	F	-112	F	-112	F	-144	F	-160
	E_{si}	J	-200	G	-150	G	-168	H	-224	G	-216	G	-240
>80~125	E_{ss}	G	-120	G	-150	F	-112	G	-168	F	-144	F	-160
	E_{si}	J	-200	H	-200	G	-168	J	-280	G	-216	G	-240
>125~180	E_{ss}	G	-132	G	-168	F	-128	G	-192	F	-160	F	-180
	E_{si}	J	-220	J	-280	H	-256	J	-320	H	-320	G	-270
>180~250	E_{ss}	H	-176	G	-168	G	-192	G	-192	F	-160	F	-180
	E_{si}	K	-264	J	-280	H	-256	J	-320	H	-320	G	-270
>250~315	E_{ss}	H	-176	G	-168	G	-192	G	-192	G	-240	F	-180
	E_{si}	K	-264	J	-280	H	-256	J	-320	J	-400	G	-270
>315~400	E_{ss}	H	-176	G	-168	G	-192	H	-256	G	-240	G	-270
	E_{si}	K	-264	J	-280	H	-256	K	-384	J	-400	H	-360
>400~500	E_{ss}	H	-200	H	-224	G	-216	H	-288	G	-240	G	-300
	E_{si}	K	-300	K	-336	H	-288	K	-432	J	-400	H	-400
>500~630	E_{ss}	H	-200	H	-224	G	-216	H	-288	G	-240	G	-300
	E_{si}	K	-300	K	-336	J	-360	K	-432	J	-400	H	-400
>630~800	E_{ss}	J	-250	H	-224	H	-288	H	-288	H	-320	G	-300
	E_{si}	L	-400	K	-336	K	-432	K	-432	K	-480	H	-400

注：1. 本表不属于 GB/T 10095—1988，仅供参考；

　　2. 按本表选择齿厚极限偏差时，可以使齿轮副在齿轮和壳体温度为25℃时不会因发热而卡住。

附表 8-12　公法线平均极限偏差 Ew_{ms}、Ew_{mi}的取值　　　　　　　　　　　　μm

偏差项目	计算方法	备注
上偏差	$Ew_{ms} = E_{ss}\cos\alpha - 0.72F_r\sin\alpha$	相关数据查阅相应其他资料
下偏差	$Ew_{mi} = E_{si}\cos\alpha + 0.72F_r\sin\alpha$	

附表 8-13　公法线长度 W'（$m_n = 1\,\mathrm{mm}$，$\alpha_n = 20°$）　　μm

齿轮齿数 z	跨测齿数 K	公法线长度 W'	齿轮齿数 z	跨测齿数 K	公法线长度 W'	齿轮齿数 z	跨测齿数 K	公法线长度 W'	齿轮齿数 z	跨测齿数 K	公法线长度 W'	齿轮齿数 z	跨测齿数 K	公法线长度 W'
11	2	4.5823	46	6	16.8810	81	10	29.1797	116	13	38.5263	151	17	50.8250
12	2	4.5963	47	6	16.8950	82	10	29.1937	117	14	41.4924	152	17	50.8390
13	2	4.6103	48	6	16.9090	83	10	29.2077	118	14	38.5064	153	18	53.8051
14	2	4.6243	49	6	16.9230	84	10	29.2217	119	14	38.5204	154	18	53.8192
15	2	4.6383	50	6	16.9370	85	10	29.2357	120	14	38.5344	155	18	53.8332
16	2	4.6523	51	6	16.9510	86	10	29.2497	121	14	38.5484	156	18	53.8472
17	2	4.6663	52	6	16.9660	87	10	29.2637	122	14	38.5625	157	18	53.8612
18	3	7.6324	53	6	16.9790	88	10	29.2777	123	14	38.5765	158	18	53.8752
19	3	7.6464	54	7	19.9452	89	10	29.2917	124	14	38.5905	159	18	53.8892
20	3	7.6604	55	7	19.9592	90	11	32.2579	125	14	38.6045	160	18	53.9032
21	3	7.6744	56	7	19.9732	91	11	32.2719	126	15	44.5706	161	18	53.9172
22	3	7.6885	57	7	19.9872	92	11	32.2859	127	15	44.5846	162	19	56.8833
23	3	7.7025	58	7	20.0012	93	11	32.2999	128	15	44.5986	163	19	56.8973
24	3	7.7165	59	7	20.0152	94	11	32.3139	129	15	44.6126	164	19	56.9113
25	3	7.7305	60	7	20.0292	95	11	32.3279	130	15	44.6266	165	19	56.9253
26	3	7.7445	61	7	20.0432	96	11	32.3419	131	15	44.6406	166	19	56.9394
27	4	10.7106	62	7	20.0572	97	11	32.3559	132	15	44.6546	167	19	56.9534
28	4	10.7246	63	8	23.0233	98	11	32.3699	133	15	44.6686	168	19	56.9674
29	4	10.7386	64	8	23.0373	99	12	35.3361	134	15	44.6826	169	19	56.9814
30	4	10.7526	65	8	23.0513	100	12	35.3501	135	16	47.6488	170	19	56.9954
31	4	10.7666	66	8	23.0654	101	12	35.3641	136	16	47.6628	171	20	59.9615
32	4	10.7806	67	8	23.0794	102	12	35.3781	137	16	47.6768	172	20	59.9755
33	4	10.7946	68	8	23.0934	103	12	35.3921	138	16	47.6908	173	20	59.9895
34	4	10.8086	69	8	23.1074	104	12	35.4061	139	16	47.7048	174	20	60.0035
35	4	10.8227	70	8	23.1214	105	12	35.4201	140	16	47.7188	175	20	60.0175
36	5	13.7888	71	8	23.1354	106	12	35.4341	141	16	47.7328	176	20	60.0315
37	5	13.8028	72	9	26.1015	107	12	35.4481	142	16	47.7468	177	20	60.0455
38	5	13.8168	73	9	26.1155	108	13	38.4142	143	16	47.7608	178	20	60.0595
39	5	13.8308	74	9	26.1295	109	13	38.4282	144	17	50.7270	179	20	60.0736
40	5	13.8448	75	9	26.1435	110	13	38.4423	145	17	50.7410	180	21	63.0397
41	5	13.8588	76	9	26.1575	111	13	38.4563	146	17	50.7550	181	21	63.0537
42	5	13.8728	77	9	26.1715	112	13	38.4703	147	17	50.7690	182	21	63.0677
43	5	13.8868	78	9	26.1855	113	13	38.4843	148	17	50.7830	183	21	63.0817
44	5	13.9008	79	9	26.1996	114	13	38.4983	149	17	50.7970	184	21	63.0957
45	6	16.8670	80	9	26.2136	115	13	38.5123	150	17	50.8110	185	21	63.1097

注：1. 对于标准直齿圆柱齿轮，公法线长度 $W = W' m_n$，其中 W' 为 $m_n = 1\,\mathrm{mm}$、$\alpha_n = 20°$ 时的公线法长度，可查本表；跨测齿数 K 可查本表。

2. 对于标准斜齿圆柱齿轮，先由 β 从相关资料中查出 K_β 值，计算出 $z' = z K_\beta$（z' 取到小数点后两位），再按 z' 的整数部分查 W'，按 z' 的小数部分由相关资料查出对应的 $\Delta W'$，则 $W = (W' + \Delta W') m_n$；$K = 0.1111 + 0.5 z'$，K 值应四舍五入成整数。

3. 本表不属于 GB/T10095—1988。

参考文献

[1] 李国斌. 机械设计基础课程设计指导书 [M]. 北京：机械工业出版社, 2012.

[2] 邓德清, 胡绍平. 机械设计基础课程指导书 [M]. 北京：科学出版社, 2007.

[3] 韩晓娟. 机械设计课程设计指导手册 [M]. 北京：中国标准出版社, 2008.

[4] 韩玉成, 王少岩. 机械设计基础实训指导 [M]. 北京：电子工业出版社, 2009.

[5] 陈立德. 机械设计基础课程设计指导书 [M]. 3 版. 北京：高等教育出版社, 2009.

[6] 林远艳, 唐汉坤. 机械设计基础课程设计指导 [M]. 广州：华南理工大学出版社, 2008.

[7] 向敬忠, 宋欣, 崔思海. 机械设计课程设计图册 [M]. 北京：化学工业出版社, 2009.

[8] 罗红专, 姜小丽, 龙育才. 机械设计基础课程设计 [M]. 北京：机械工业出版社, 2012.

[9] 曾宗福. 机械设计课程设计 [M]. 北京：化学工业出版社, 2009.

[10] 周海. 机械设计基础与实践 [M]. 西安：西安电子科技大学出版社, 2011.

[11] 赵卫军. 机械设计基础课程设计 [M]. 北京：科学出版社, 2010.

[12] 王军. 机械设计基础课程设计 [M]. 北京：科学出版社, 2007.

[13] 钱利霞, 刘敬花, 李光苹. 机械设计课程设计 [M]. 北京：化学工业出版社, 2011.

[14] 林承全. 机械设计基础课程设计及题解 [M]. 武汉：华中科技大学出版社, 2009.

[15] 朱文坚, 黄平. 机械设计课程设计 [M]. 2 版. 广州：华南理工大学出版社, 2004.

[16] 任嘉卉, 李建平等. 机械设计课程设计 [M]. 北京：北京航空航天大学出版社, 2001.

[17] 毛炳秋. 机械设计课程设计 [M]. 北京：电子工业出版社, 2011.

[18] 宜沈平. 减速器课程设计指导书及图册 [M]. 南京：东南大学出版社, 2010.

[19] 胡家秀. 简明机械零件设计实用手册 [M]. 北京：机械工业出版社, 2012.

[20] 杨恩霞, 刘贺平. 机械设计课程设计 [M]. 哈尔滨：哈尔滨工程大学出版社, 2009.

[21] 王旭, 王积森. 机械设计课程设计 [M]. 北京：机械工业出版社, 2003.